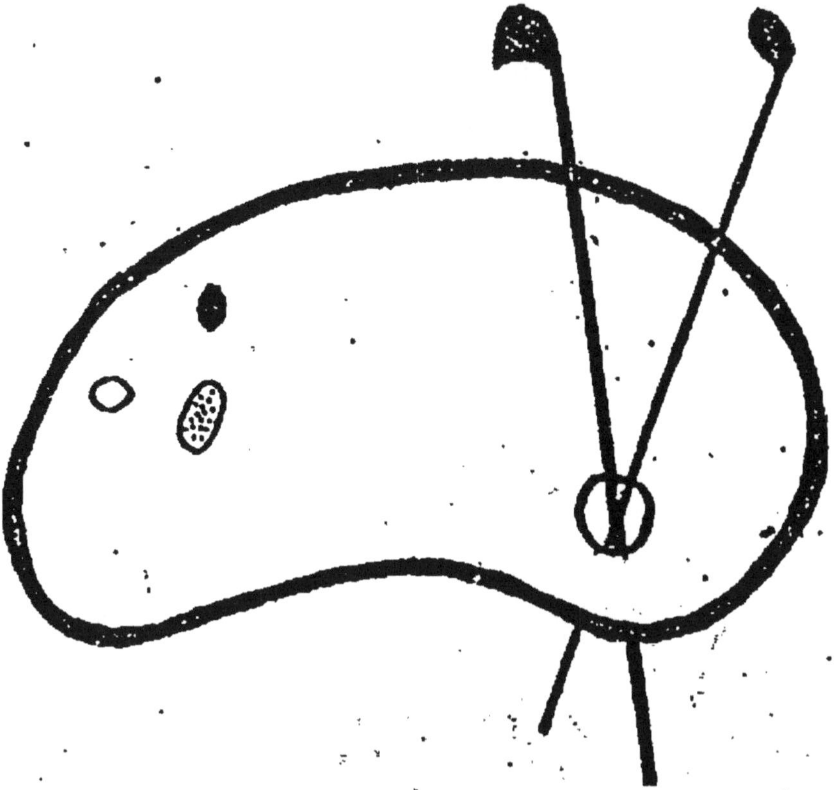

**DEBUT D'UNE SERIE DE DOCUMENTS
EN COULEUR**

MANUEL

DE

PHYSIQUE

ÉLECTRICITÉ STATIQUE ET VOLTAIQUE,
THERMO-ÉLECTRICITÉ, MAGNÉTISME, ÉLECTRO-MAGNÉTISME,
INDUCTION, ETC.

PAR J. C*** ET CH. COURTOT,
ÉLECTRICIEN, MÉCANICIEN.

Ouvrage illustré de 130 figures intercalées dans le texte,
Gravées par MM. YVES et BARRET.

TROISIÈME ÉDITION

PARIS

CH. COURTOT, CONSTRUCTEUR-MÉCANICIEN

75, RUE CAUMARTIN.

1878

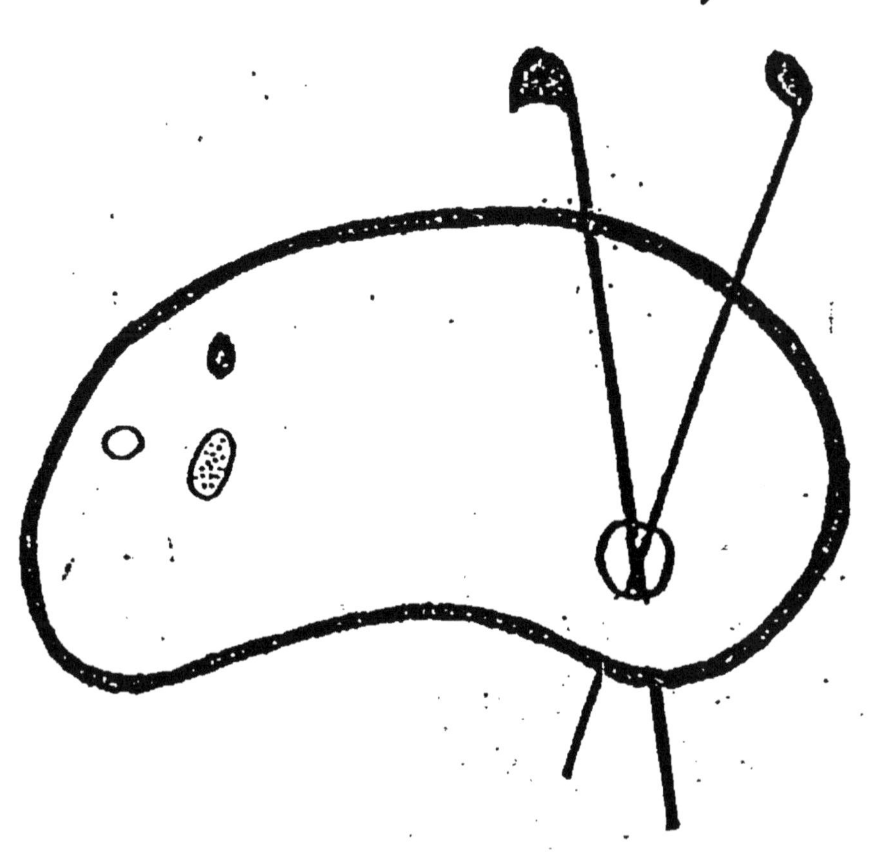

FIN D'UNE SERIE DE DOCUMENTS
EN COULEUR

MANUEL

DE

PHYSIQUE

MANUEL

DE

PHYSIQUE

ÉLECTRICITÉ STATIQUE ET VOLTAIQUE,
THERMO-ÉLECTRICITÉ, MAGNÉTISME, ÉLECTRO-MAGNÉTISME,
INDUCTION, ETC.

PAR J. C*** ET CH. COURTOT,
ÉLECTRICIEN, MÉCANICIEN.

Ouvrage illustré de 103 figures intercalées dans le texte,
Gravées par MM. YVES et BARRET.

TROISIÈME ÉDITION

PARIS

CH. COURTOT, CONSTRUCTEUR-MÉCANICIEN
75, RUE CAUMARTIN.
1878

MANUEL

DE

PHYSIQUE

ÉLECTRICITÉ STATIQUE

---

1. Les moyens que l'on emploie généralement pour *électriser* les corps sont : le **frottement,** **la pression,** la **chaleur,** les **actions chimi-** **ques** et l'**influence d'un corps déjà élec-** **trisé.**

On *reconnaît* qu'un corps est électrisé à la propriété qu'il possède d'*attirer les corps légers* qu'on lui présente, comme de petits morceaux de papier, des barbes de plume, ou des fragments déliés de feuilles métalliques (fig. 1).

Le pendule électrique offre un des moyens les plus simples de constater qu'un corps est électrisé. C'est une petite balle de moelle de sureau, de 5 à 10 millimètres de diamètre, suspendue à l'extrémité d'un fil de soie très-fin, ou mieux de *cocon*, attaché à un support de verre recourbé. Vient-on à présenter un corps électrisé à ce pendule, par exemple, un bâton de verre frotté avec une étoffe de laine, la balle

Fig. 1. — Propriété d'un corps électrisé.

de moelle de sureau est attirée et s'écarte de sa position d'équilibre (fig. 2).

Outre ce phénomène d'attraction, on constate encore que si l'on approche la main ou le visage de la surface d'un corps électrisé, on éprouve une sensation pareille à celle que produirait le *frôlement d'une toile d'araignée.*

De plus, si l'on place le doigt à une certaine distance d'un corps fortement électrisé, on entend une sorte de pétillement, en même temps qu'on voit jaillir une étincelle.

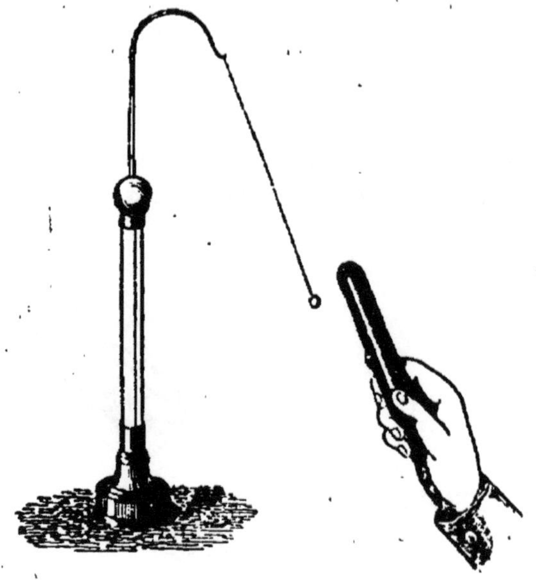

Fig. 2. — Pendule électrique.

Enfin, on a remarqué que les corps électrisés répandent une *odeur particulière*.

CORPS ISOLANTS. — CORPS CONDUCTEURS.

Le verre, la résine, s'électrisent par le frottement, lorsqu'on les tient à la main, parce que l'électricité reste pour ainsi dire adhérente aux points où elle a été développée : ce sont des *corps mauvais conducteurs*, ou *isolants*, tandis que, dans les mêmes conditions, les métaux, le bois, ne donnent aucune apparence d'électricité. Cela tient à ce que l'électricité produite en un point se propage immédiatement sur toute leur surface pour gagner le sol par le corps de l'expérimentateur : ce sont des corps conducteurs.

L'air sec est un *corps isolant*; mais, quand il est *humide*, il devient *très-notablement conducteur*. De là, la nécessité de placer un fourneau au milieu des appareils pour échauffer l'air ambiant, et, par suite, en diminuer l'état hygrométrique.

2. Distinction des deux espèces d'électricité. — 1° Si, après avoir frotté un bâton de résine avec une étoffe de laine, nous l'approchons de la balle du pendule électrique isolé, la balle attirée vient toucher la résine, puis est repoussée. Que s'est-il passé au contact? Le sureau, qui est un corps conducteur, a pris une partie de l'électricité de la résine (fig. 3).

Donc, *deux corps chargés de l'électricité de la résine se repoussent.*

Si, maintenant, nous approchons de la balle de moelle de sureau repoussée par la résine, un bâton de verre frotté aussi avec de la laine, nous observons une attraction.

Donc, *l'électricité du verre n'est pas la même que celle de la résine.*

2° Ramenons maintenant la balle de moelle de sureau à l'état neutre en la pressant entre le pouce et l'index, et recommençons l'expérience, en opérant d'abord avec le bâton de verre électrisé. La balle est encore attirée jusqu'au contact, et, après le contact, repoussée.

Donc, *deux corps chargés de l'électricité du verre se repoussent.*

Nous pourrions encore constater que la balle repoussée par le verre se trouve attirée par la résine, et vérifier de nouveau que l'électricité de la résine n'est pas la même que celle du verre.

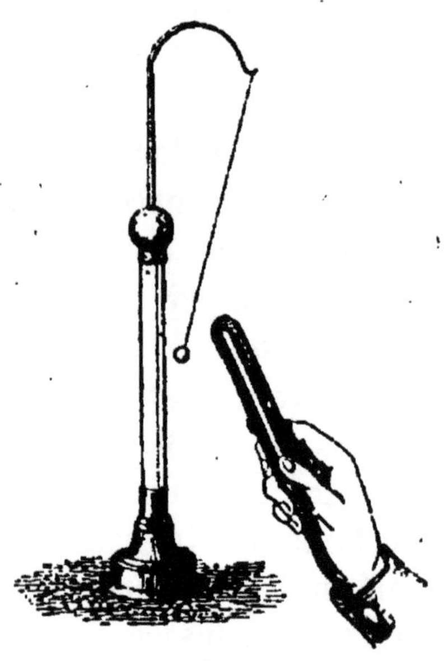

Fig. 3.

Ainsi : *Deux corps chargés de la même électricité se repoussent, et deux corps chargés, l'un d'électricité vitrée* ou *positive*, l'autre *d'électricité résineuse* ou *négative*, s'attirent.

En répétant l'expérience avec n'importe quel corps, on reconnaîtrait qu'il se comporte, ou comme le verre, ou comme la résine.

Donc, *il n'y a que deux espèces d'électricité.*

ÉLECTROSCOPES.

3. Les électroscopes sont des instruments destinés à reconnaître :

1° Si *un corps est électrisé*;

2° De *quelle espèce d'électricité* il est chargé.

Outre le pendule électrique, on distingue plusieurs sortes d'électroscopes : à fil, à balles de moelle de sureau, à pailles et à lames d'or. Nous ne parlerons que de ce dernier.

Électroscope à lames d'or. — Cet appareil se compose d'une cloche de verre à la partie supérieure de laquelle est mastiqué un conducteur métallique terminé au dehors par un bouton, et au dedans par une pince à laquelle on suspend deux feuilles d'or qui pendent verticalement dans l'intérieur de la cloche. Le haut de cette cloche est verni à la gomme-laque, jusqu'au tiers environ de sa hauteur; l'air intérieur, desséché avec de la chaux ou du chlorure de calcium; enfin on fixe au dedans de la cloche et sur la base de l'appareil deux petites colonnes métalliques situées dans le plan d'écart des deux lames d'or et en parfaite communication avec le sol (fig. 4).

Remarquons que la cloche est un support isolant, qu'elle permet de maintenir l'air intérieur à l'état de siccité, qu'elle préserve les lames des agitations de l'air; que le vernis de gomme-laque empêche l'électricité du bouton de se dissiper à l'extérieur de la cloche, et qu'enfin, lorsque l'appareil fonctionne, les deux colonnes métalliques augmentent la divergence des lames par un effet d'influence réciproque.

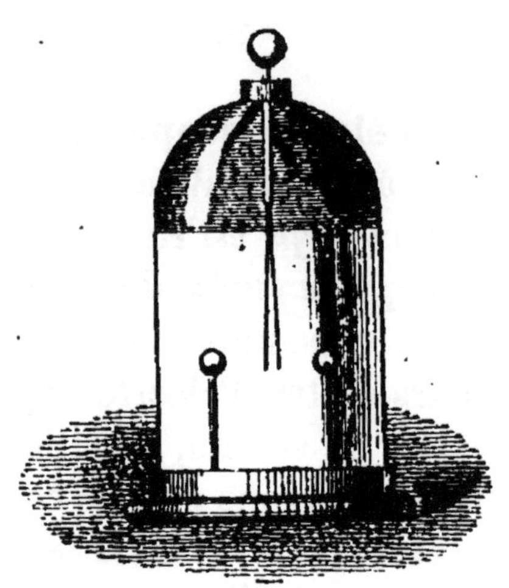

Fig. 4. — Électroscope à lames d'or.

Cela posé, passons à la manière de faire les expériences.

1° Pour reconnaître si un corps est électrisé,

on l'approche *graduellement* du bouton de l'électroscope, et on observe les lames : divergent-elles, le corps est électrisé, sinon il est à l'état neutre.

2° *Pour reconnaître l'espèce d'électricité dont un corps est chargé*, on commence par communiquer à l'appareil une électricité connue, et cela non *par contact*, mais *par influence.*

Voici comment : électrisons notre bâton de résine en le frottant avec de la laine ou une peau de chat, et présentons-le *à distance* au bouton de l'électroscope; l'électricité positive sera attirée sur le bouton, et l'électricité négative repoussée dans les lames qui s'écartent (fig. 5).

Touchons maintenant le bouton de l'électroscope avec le doigt; nous verrons les lames se rapprocher, parce que l'électricité négative dont elles étaient chargées a passé dans le sol; mais l'électricité positive reste toujours accumulée sur le bouton sous l'influence du bâton de résine. Actuellement, rétablissons l'isolement du bouton, en enlevant le doigt, puis rendons libre l'électricité positive retenue sur le bouton, en écartant le bâton de résine, et les lames divergeront de nouveau, parce qu'elles sont maintenant chargées d'électricité positive tout aussi bien que la tige et le bouton de l'électroscope.

Placé dans ces conditions, l'électroscope va nous servir à résoudre la question qui nous occupe.

Pour cela, approchons *lentement* du bouton

Fig. 5. — Usage de l'électroscope.

de l'appareil le corps chargé d'une espèce d'électricité inconnue, et observons les lames : si elles divergent davantage, c'est que le corps est *électrisé positivement*; si elles se rapprochent, nous en conclurons, ou que le corps est *électrisé négativement*, ou qu'il est à l'*état neutre*.

1.

Pour lever la difficulté, continuons de rapprocher le corps du bouton de l'électroscope, et, si nous voyons les lames se rapprocher de plus en plus, se toucher et diverger de nouveau, nous serons en droit d'affirmer que le corps est *électrisé négativement*, car un corps à l'état *neutre* ne pourrait même pas ramener les feuilles *au contact*.

En résumé, une augmentation de divergence des lames d'or est une preuve que le corps soumis à l'expérience possède la même électricité que ces lames, tandis que leur rapprochement ne permet même pas de conclure que ce corps est électrisé.

4. Machine électrique de Ramsden. — Cette machine se compose de deux parties. 1° La *première partie* qui constitue l'**appareil producteur d'électricité**, est formée d'*un plateau circulaire de verre* à glace, et de *deux paires de coussins* (fig. 6).

Le plateau de verre est fixé en son centre à un axe métallique, et peut tourner verticalement à l'aide d'une manivelle entre deux paires de coussins. Deux de ces coussins sont à la partie supérieure, et les deux autres à la partie inférieure de deux montants en bois parallèles, qui supportent l'axe du plateau de verre, et sont solidement fixés sur une table de bois très-basse. Quand on fait tourner le plateau, il frotte contre les coussins et s'électrise positive-

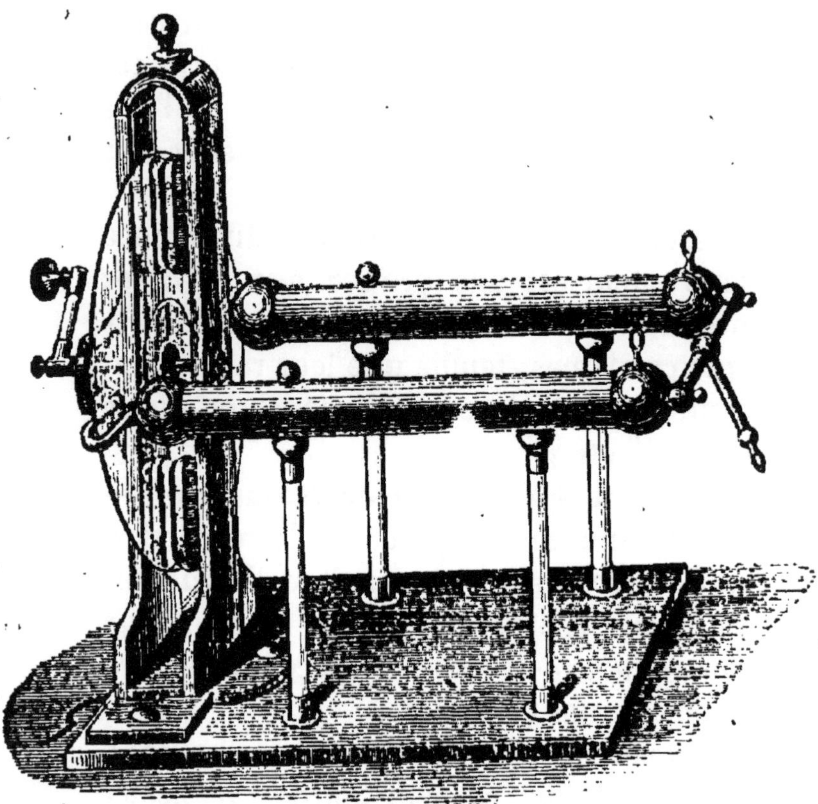

Fig. 6. — Machine de Ramsden.

ment, en même temps que ceux-ci s'électrisent négativement; mais l'électricité des coussins disparaît au fur et à mesure qu'elle se produit, car on a pris soin de les faire communiquer avec le sol par des lames métalliques et par une chaîne qu'on laisse traîner par terre. Sans cette précaution, en effet, l'électricité négative des coussins, attirant l'électricité positive du verre, s'opposerait à la puissance décomposante du frottement, et par suite, la charge électrique du plateau serait fort limitée.

Les coussins se font en peau de daim, rembourrés de crin, et présentent une surface arrondie qui s'aplatit en exerçant une pression sur le verre. Mais, comme le cuir frottant contre le verre développe peu d'électricité, on recouvre les coussins d'or mussif ou d'un amalgame d'étain et de zinc, dans les proportions suivantes:

1 partie d'étain, 2 parties de zinc et 6 parties de mercure. A cet effet, on commence par mettre un peu de suif à la surface des coussins; on les approche ensuite du feu pour déterminer la fusion du corps gras déposé, et alors, en frottant convenablement la surface des coussins l'une contre l'autre, on les enduit d'une couche de suif, mince et bien uniforme. Cela fait, on les saupoudre d'or mussif parfaitement pulvérisé, qu'on répartit uniformément sur toute la surface des coussins en renouvelant les frictions comme avec le corps gras.

Quand la machine a fonctionné pendant un certain temps, on enlève cet enduit avec la lame mousse d'un couteau, et on le remplace par un autre.

Il ne faut pas oublier de remuer de temps en temps, avec le doigt, le crin des coussins, qui finit toujours par se tasser un peu, par suite du frottement du plateau de verre. C'est pour cela qu'une ouverture circulaire a été pratiquée à la base de ces coussins.

La quantité d'électricité produite par une machine dépend de la grandeur du plateau, de celle des coussins, et aussi de l'état de leurs surfaces.

2° La *seconde partie*, qui doit **recueillir l'électricité produite**, est constitué par *deux cylindres creux*, de laiton le plus souvent, arrondis de toutes parts, et qu'on appelle les **conducteurs** de la machine. Ils sont munis de deux mâchoires également métalliques et creuses, armées de pointes et situées aux deux extrémités du diamètre horizontal du plateau de verre. Ces mâchoires embrassent de chaque côté toute la largeur du plateau, que le frottement des coussins électrise.

Les conducteurs sont réunis à leurs extrémités opposées par un cylindre creux de cuivre de moindre diamètre, et tout ce système est soutenu par quatre pieds de verre recouverts d'un vernis à la gomme-laque, le verre seul étant trop hygrométrique.

Deux mots maintenant sur la manière dont l'appareil fonctionne.

Mettons le plateau en mouvement : son électricité positive va agir par influence sur les conducteurs à l'état neutre, attirer leur électricité négative pour se reconstituer lui-même à l'état neutre, laissant ainsi les conducteurs chargés d'électricité positive. Les pointes dont les mâchoires sont garnies ont pour but de faciliter cette combinaison des deux électricités.

Mais la quantité d'électricité que le plateau de verre peut ainsi décomposer sur les conducteurs est limitée. La décomposition doit, en effet, s'arrêter, lorsque l'électricité positive et l'électricité négative d'une molécule à l'état neutre, située sur les conducteurs, éprouvent des répulsions et des attractions égales de la part de l'électricité positive du plateau et de l'électricité positive déjà accumulée sur les conducteurs.

Pour empêcher que le plateau de verre ne perde une partie de son électricité par le contact de l'air, dans son trajet des coussins aux mâchoires, on adapte aux coussins *deux armatures* en taffetas gommé, ou mieux en soie, qui enveloppent le verre dans toute l'étendue des deux quadrants opposés que le plateau décrit en allant des coussins aux conducteurs.

Il faut encore que toutes les parties de la machine soient bien sèches, de même que l'air lui-même qui l'entoure. Aussi a-t-on soin de placer un fourneau bien allumé au milieu de la table de la machine, et de frotter les pieds de verre avec des linges bien chauds.

On reconnaît qu'une machine électrique fonctionne bien, lorsqu'en faisant tourner le plateau un peu rapidement, on voit l'électricité passer des mâchoires aux coussins sous forme de traits sinueux et éblouissants.

Nous exposerons aux **Effets électriques** la manière de disposer les nombreuses expériences que l'on fait d'ordinaire avec cette machine.

ÉLECTROSCOPE DE HENLEY.

Pour juger de la manière dont se charge et se décharge une machine électrique, on visse sur l'un de ses conducteurs un instrument

désigné sous le nom d'**électroscope de Henley** (fig. 7). Il est constitué par un support
bon conducteur, portant un cadran divisé en
ivoire, au centre duquel se trouve un pendule,
formé d'une tige aussi en ivoire et d'une petite
balle de moelle de sureau.

Lorsqu'on fait tourner le plateau de la machine électrique, les con-
ducteurs s'électrisent, et
la balle de moelle de su-
reau, repoussée par son
support et par les conducteurs de la machine, s'é-
lève rapidement au-dessus
de l'horizontale, si la machine électrique fonctionne
bien.

Cesse-t-on de tourner,
on constate que le pen-
dule descend aussitôt et
revient à sa position ini-

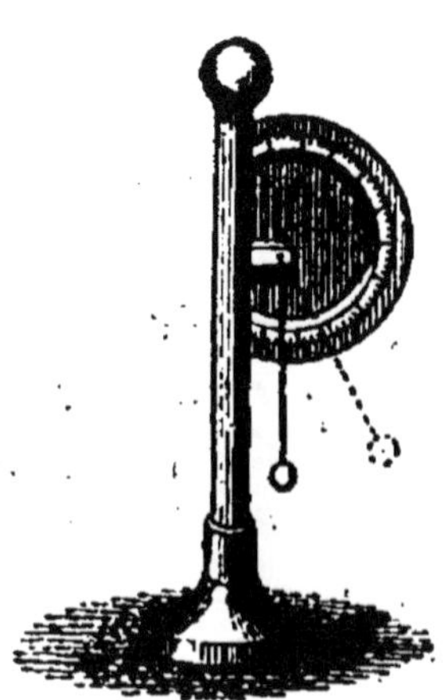

Fig. 7. — Électroscope
de Henley.

tiale d'autant plus vite que les causes de déper-
dition de l'électricité sont elles-mêmes plus
nombreuses.

5. **Électrophore.** — Cet appareil se compose
d'un gâteau de résine coulé dans un moule de
bois ou de métal, et d'un plateau ou disque de

bois recouvert d'une feuille d'étain et soutenu
en son centre par une tige de verre recouverte
de vernis à la gomme-laque.

Le diamètre du plateau a environ 4 millimètres de moins que celui du gâteau de résine
(fig. 8).

Quand on veut charger l'électrophore, on

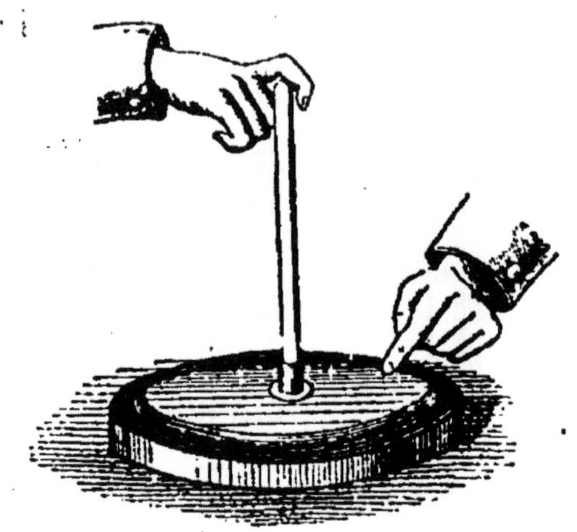

Fig. 8. — Électrophore.

commence par en bien sécher toutes les parties, puis on électrise la résine en la frappant
obliquement avec une peau de chat ou de lièvre
bien sèche. Cela fait, on pose le plateau sur la
résine et on le touche avec le doigt, et enlevant
le plateau par son manche isolant, l'électricité
positive qu'il possède devenue libre, se mani-

festera par une vive étincelle à l'approche d'un corps conducteur (fig. 9). En recommençant la même série d'opérations, on pourra, sans recharger la résine, tirer du plateau des milliers d'étincelles successives.

Rendons-nous compte maintenant de ce qui

Fig. 9. — Usage de l'électrophore.

s'est passé lorsque, après avoir électrisé le gâteau de résine, nous avons posé dessus le plateau métallique.

L'électricité négative de la résine, corps mauvais conducteur, n'a pu passer sur le plateau;

mais, agissant par influence sur lui, elle a attiré son électricité positive à la partie inférieure, et repoussé à la partie supérieure son électricité négative.

En touchant le plateau avec le doigt (fig. 8), nous avons neutralisé celle-ci, si bien qu'il n'est plus resté sur le plateau que de l'électricité positive toujours retenue par la résine, mais qui est devenue libre, à partir du moment où nous avons enlevé le plateau par son manche isolant (fig. 9).

Pour donner une théorie complète de l'électrophore, il nous resterait à expliquer pourquoi le plateau ne donne plus que de très-faibles étincelles, lorsque le moule est isolé; pourquoi encore, dans le cas de l'isolement du moule, on peut tirer de celui-ci une étincelle, après avoir touché le plateau, et une autre après l'avoir enlevé; mais cela nous entraînerait trop loin, et nous renvoyons aux Traités de Physique.

6. Machine de Holtz. — Dans la machine électrique de Ramsden, l'électricité est produite par le frottement continu du verre contre les coussins. Voici maintenant un appareil qui rappelle l'*électrophore perpétuel de Volta*, et dans lequel un corps électrisé une fois pour toutes, agit par influence sur un plateau mobile et donne naissance à un courant continu d'électricité.

La machine de Holtz (fig. 10) se compose d'un *plateau fixe* de verre mince, maintenu ver-

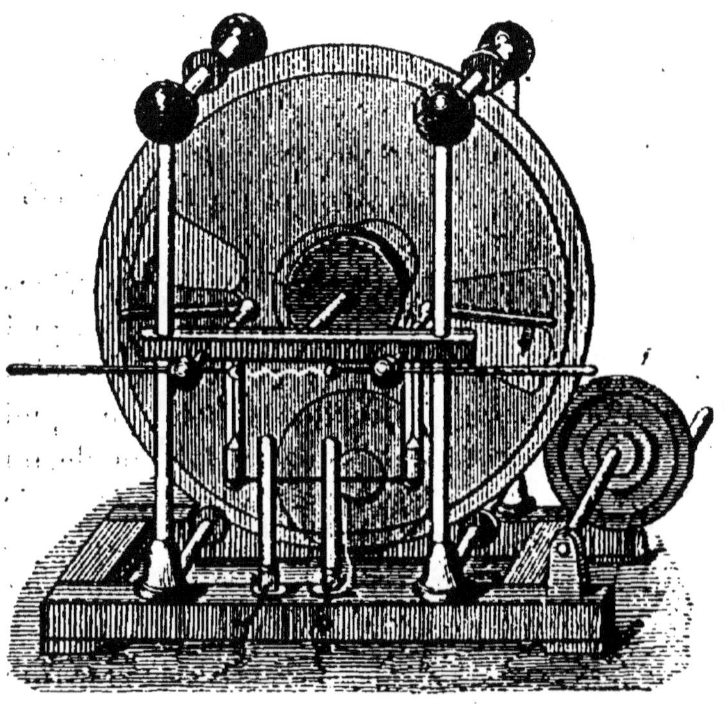

Fig. 10. — Machine de Holtz.

ticalement par quatre viroles à gorge, lesquelles sont montées sur quatre traverses de verre supportées à leur tour par quatre colonnes également de verre. Toutes ces pièces sont vernies à la gomme-laque, à l'exception du plateau de verre.

Au-devant du plateau fixe et à quelques mil·limètres de lui, se trouve un *second plateau de verre, mince également*, mais d'un diamètre un peu moindre, et verni à la gomme-laque.

Ce *plateau tourne* avec un axe horizontal qui passe au milieu d'une ouverture assez large, ménagée au centre du plateau fixe; cet axe est porté par deux barres transversales de caoutchouc durci, et on le met en mouvement à l'aide d'une manivelle et d'une corde sans fin.

Sur le plateau fixe, aux extrémités du diamètre horizontal, sont pratiquées deux échancrures ou fenêtres, dont chacune est munie sur l'un de ses bords, d'une bande de papier armée d'une lame de carton, terminée en pointe dirigée vers le milieu de la fenêtre, en sens contraire du mouvement du plateau. La *bande de papier* et la *lame de carton* sont vernies avec grand soin et sont dites les *armatures* de la machine.

Deux *peignes métalliques* sont placés en face des fenêtres, mais de l'autre côté du plateau mobile. Ils communiquent avec deux conducteurs isolés portant deux boutons, dont l'un est fixe et l'autre placé à l'extrémité d'une tige métallique qui peut glisser dans une coulisse, et dont l'autre extrémité est munie d'un manche isolant de caoutchouc, disposition qui permet d'écarter ou de rapprocher le second bouton du premier pendant que la machine fonctionne.

Pour mettre l'appareil en activité, il faut *l'amorcer*. A cet effet, on amène les deux boutons en contact ; on fait tourner rapidement le plateau de verre dans le sens du mouvement des aiguilles d'une montre, puis on électrise l'une des deux armatures en la mettant un instant en contact avec une plaque de caoutchouc qu'on a fortement électrisée en la frottant avec un morceau de laine ou une peau de chat. On entend aussitôt une sorte de crépitation continue, en même temps qu'on éprouve une certaine résistance à faire tourner le plateau de verre, ce qui, soit dit en passant, prouve que *l'électricité est encore une forme inconnue du travail*.

On donne quelquefois le nom de **pôles** aux *deux boutons* des conducteurs.

Maintenant que la machine est amorcée, nous pouvons écarter graduellement les boutons en agissant sur le manche isolant, et nous verrons des étincelles jaillir de l'un sur l'autre

avec un bruit sec et assez intense, à des intervalles très-rapprochés, quand les boutons le
sont eux-mêmes; puis le nombre des étincelles,
dans un même temps, aller en diminuant, à
mesure que la distance des pôles augmente;
enfin tout signe d'électricité disparaître, quand
cette distance est devenue trop grande. On reconnaît, du reste, qu'on approche de la limite,
à ce que les étincelles ont, pour ainsi dire, de
la peine à partir.

Quand les étincelles ont cessé, par la raison
que nous venons de donner, on parvient quelquefois à les faire renaître en rapprochant
rapidement les boutons jusqu'au contact, et les
éloignant ensuite, pourvu que la rotation du
plateau n'ait jamais cessé. Mais le plus souvent on est obligé d'amorcer de nouveau la
machine.

Quand on cesse de tourner et que l'on doit
encore se servir de la machine quelques instants
après, on met les deux boutons en contact, et
deux petites bouteilles de Leyde en communication avec les conducteurs ont pour effet de
maintenir la machine amorcée pendant un
certain temps. Néanmoins, il arrive assez souvent que ce résultat n'est pas atteint.

L'air humide paraît avoir, sur la machine

de Holtz, une influence plus fâcheuse encore que sur la machine de Ramsden. Aussi faut-il placer sous la machine un fourneau bien allumé, une demi-heure au moins avant de la faire fonctionner, et avoir soin d'essuyer tous les supports avec des linges bien chauds.

Nous renvoyons aux **Effets électriques**, pour le détail et la disposition des expériences que l'on peut faire avec cette machine.

7. **Machine de Carré.** — Pour parer aux inconvénients que nous avons signalés en terminant la description de la machine de Holtz, M. Carré a remplacé le plateau de verre fixe par un autre plus petit placé plus bas, et qui frotte en tournant contre deux paires de coussins, de manière que cette machine s'amorce d'elle-même.

Les deux plateaux tournent en sens contraires, le plus grand très-vite et l'autre beaucoup moins rapidement. Un système de poulies et une courroie sans fin permettent d'établir tel rapport de vitesse que l'on veut. Les deux plateaux se meuvent dans des plans parallèles très-rapprochés, et l'inférieur recouvre l'autre de la moitié environ de son rayon (fig. 11).

Cette machine présente avec l'électrophore une analogie plus frappante encore que celle de Holtz, et elle a sur cette dernière l'avantage d'exiger moins de précautions, moins de peine pour sa mise en activité.

Fig. 11. — Machine de Carré.

8. Machine de Bertsch. — Enfin, voici une autre machine électrique, qui est un véritable **électrophore tournant**, et c'est même sous ce nom qu'on la désigne souvent, pour

2

indiquer en deux mots quelle en est la théorie.

Supposons que, dans la machine Carré, on découpe dans le plateau inférieur un secteur

Fig. 12. — Machine de Bertsch.

d'environ 60° qu'on fixera dans le pied de l'appareil; on n'aura plus qu'un seul plateau, qu'un électrophore tournant, et ce sera la *machine de Bertsch* (fig. 12).

Pour la faire fonctionner, on commence par

électriser le secteur en le frottant vivement
avec la main bien sèche, ou avec une peau de
chat ; puis on le remet en place, et on fait immédiatement tourner le plateau. Alors se pro-

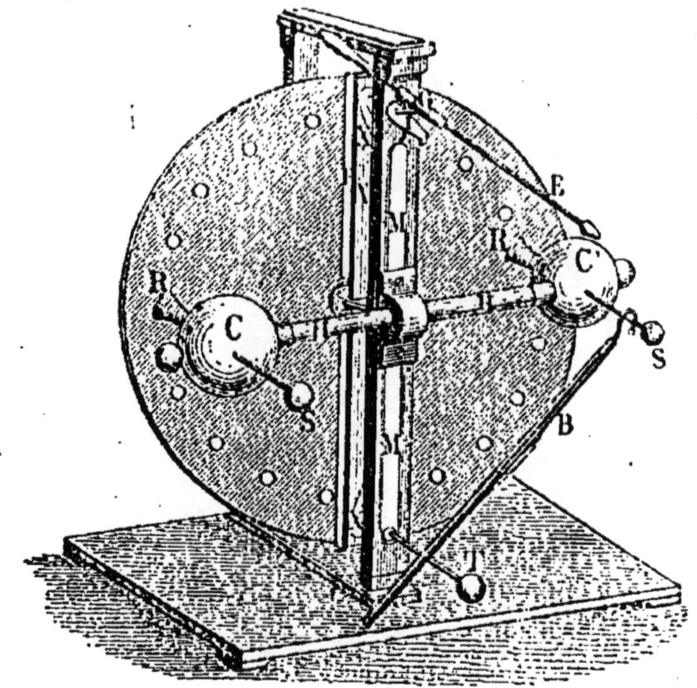

Fig. 13. — Machine de Guérin.

duisent tous les effets d'influence que nous
avons maintes fois détaillés, et sur lesquels
nous n'insisterons plus. Ajoutons seulement
qu'il faut avoir soin de faire communiquer avec

le sol le conducteur qui porte le peigne inférieur, et que l'autre conducteur d'assez grande dimension, placé à la partie supérieure de l'appareil en communication avec le second peigne, est uniquement destiné à accroître la puissance de la machine.

9. Machines dites à plateau condensateur de Guérin (fig. 13). — Le modèle de ces machines est d'un maniement très-facile, n'exige pour ainsi dire pas d'entretien, et permet aux élèves de répéter facilement chez eux, en petit, quelques-unes des expériences qu'ils ont vu faire en classe; tei que tubes étincelants, tourniquet électrique, danse des pantins, etc., etc.

10. Bouteille de Leyde. — Cette bouteille n'est autre chose qu'un flacon de verre ordinaire, recouvert extérieurement d'une feuille d'étain (*armature extérieure*), qui s'élève jusqu'aux trois quarts environ de la hauteur de la bouteille.

La partie excédante est recouverte d'un vernis à la gomme-laque, parce que le verre est trop hygrométrique et n'isole pas assez bien. L'intérieur est rempli de feuilles d'or, d'étain ou de clinquant (*armature intérieure*). Au milieu de ces feuilles vient plonger une tige métallique,

terminée en pointe à sa partie inférieure; elle
est scellée dans le bouchon qui ferme le goulot
de la bouteille. Cette tige est recourbée en
forme de crochet et se termine par un bouton
(fig. 14).

Pour *charger* la bouteille, on la prend par la
panse, et on présente le bouton au conducteur

Fig. 14. — Bouteille de Leyde.

de la machine électrique. L'armature intérieure se charge d'électricité positive, et l'armature extérieure qui communique avec le sol,
d'électricité négative.

Quand la bouteille est suffisamment chargée
(ce qu'on reconnaît en observant l'électroscope
de Henley), on éloigne la bouteille.

Cela fait, on peut *décharger* la bouteille de

2.

deux manières : *successivement*, en touchant alternativement les deux armatures, et à chaque contact on voit jaillir une petite étincelle ; *instantanément*, en touchant en même temps les deux armatures ; l'étincelle est, dans ce cas, beaucoup plus forte, et s'accompagne d'une commotion dont l'intensité varie avec les dimensions et la charge de la bouteille.

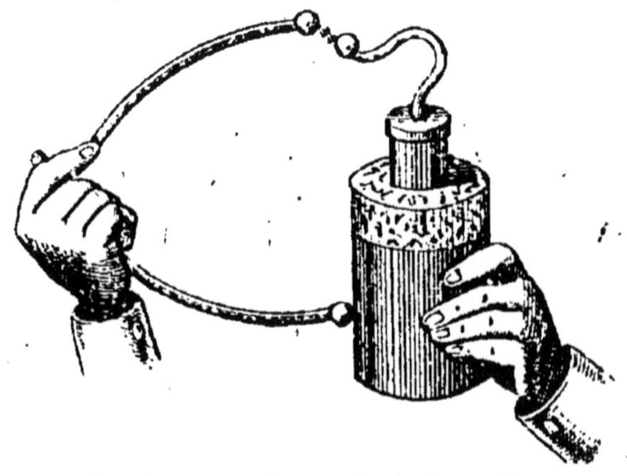

Fig. 15. — Décharge de la bouteille.

Pour éviter de recevoir la commotion, on établit la communication entre les deux armatures au moyen d'un *arc métallique*, terminé par deux boules, qu'on tient à la main, et qui porte le nom d'**excitateur** (fig. 15).

On pourrait croire qu'après avoir établi de la sorte une communication toute métallique entre les deux armatures de la bouteille, celle-ci se trouve complétement déchargée. Il n'en est rien cependant, et cela tient à ce que les électricités de noms contraires qui, pendant la charge, se sont fixées sur le verre, ne peuvent pas, à raison de la mauvaise conductibilité de ce corps, le quitter totalement au moment de la décharge. On peut donc en tirer une seconde étincelle, une troisième et même davantage : ce sont les *étincelles secondaires*.

La bouteille de Leyde prend le nom de **jarre électrique**, quand elle est constituée par un bocal en verre, à large goulot, sur les deux faces duquel on a collé deux lames d'étain, à l'intérieur comme à l'extérieur. Des fils de cuivre, attachés à la tige qui porte le bouton extérieur, s'appuient contre l'armature intérieure.

11. Batterie électrique. — C'est une réunion de plusieurs jarres, dont toutes les armatures intérieures communiquent entre elles par des tiges de cuivre, ainsi que toutes les armatures extérieures, lesquelles reposent sur le fond d'une boîte tapissée d'une feuille d'étain (fig. 16).

Pour charger la batterie, on commence par sécher les jarres en les plaçant près du feu; puis on met le bouton central en communication avec le conducteur d'une machine électri-

Fig. 16. — Batterie électrique.

que et l'intérieur de la boîte avec le sol, au

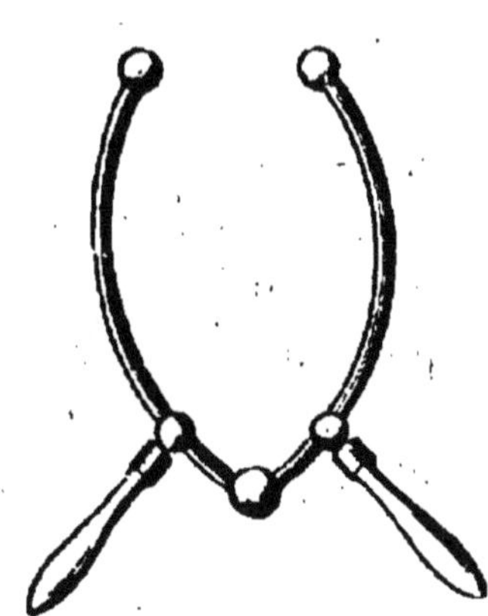

Fig. 17. — Excitateur.

moyen d'une chaîne attachée à l'une des poignées qui communiquent métalliquement avec les armatures extérieures de toutes les jarres.

Pour décharger une batterie, on se sert toujours de l'*excitateur*, dont nous avons parlé à propos de la bouteille de Leyde, mais *modifié* ainsi qu'il suit : il est à charnière en son milieu, et muni en outre de deux poignées de verre (fig. 17).

12. Lumière électrique dans le vide. — Le passage de l'électricité dans le vide s'accompagne d'effets lumineux très-remarquables. Pour les observer, on emploie l'un des deux appareils suivants :

1° Œuf électrique. — L'œuf électrique (fig. 18), comme son nom l'indique, est un ballon de verre de forme ellipsoïdale, dont les extrémités correspondant au grand axe, sont mastiquées dans des montures métalliques. La monture supérieure est munie d'une boîte à cuirs dans laquelle peut se mouvoir une tige de cuivre, terminée intérieurement par une boule

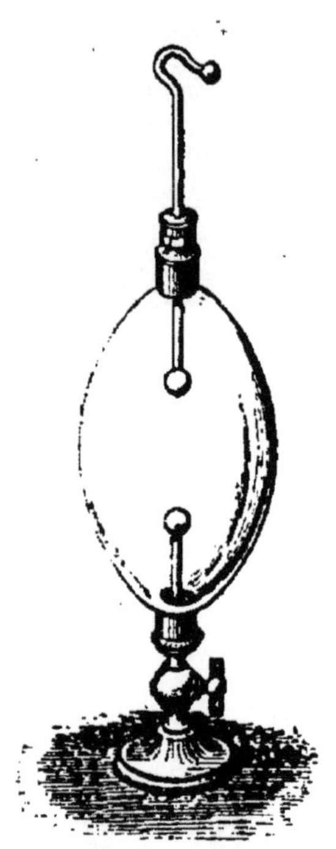

Fig. 18. — OEuf électrique.

de même métal, qui peut ainsi se placer à différentes distances d'une autre boule fixe, de cuivre également, et en communication par une tige de même métal avec la monture intérieure. Ces deux boules sont situées dans un même plan et sur le prolongement l'une de l'autre.

La garniture inférieure est traversée par un canal et porte un robinet, disposition qui permet de faire le vide dans l'intérieur de l'œuf.

Cela posé, enlevons l'air de l'appareil, plaçons-nous dans l'obscurité et mettons l'une des montures à une petite distance du conducteur d'une machine électrique en activité et l'autre garniture en parfaite communication avec le sol. Nous verrons alors la lumière électrique se modifier, prendre des formes et des couleurs variables avec la distance des boules, le degré de raréfaction de l'air, la nature du métal qui constitue les boules, enfin présenter une différence d'aspect bien tranchée aux pôles positif et négatif.

2° **Tube vide.** — La même expérience peut aussi se faire avec le tube de Newton (*appendice*, n° 87), que les Constructeurs ont toujours soin de garnir à cet effet de deux tiges métalliques, fixées dans chaque monture et terminées chacune par une boule à l'intérieur du tube.

Supposons que tout soit disposé absolument

comme nous venons de l'indiquer pour l'œul
électrique, et nous verrons qu'à chaque fois
qu'une étincelle jaillit du conducteur sur le
tube, ce dernier se trouve illuminé par un jet
de lumière qui, par un effet d'*influence*, j'allais
presque dire d'*affection*, semble vouloir venir
caresser la main de l'opérateur, quand celui-ci
l'approche d'un point quelconque du tube.

EFFETS DE L'ÉLECTRICITÉ

13. Le corps humain est assez bon conducteur de l'électricité, et nous avons déjà vu
que, lorsqu'on est en communication avec le
sol et qu'on approche la jointure du doigt
d'une machine électrisée, on voit jaillir une
étincelle, en même temps qu'on éprouve la sensation d'une légère piqûre.

14. **Tabouret électrique.** — Mais on peut
faire l'expérience autrement. Si l'on monte sur
un **tabouret électrique** (qui n'est autre chose
qu'un tabouret à pieds de verre) (fig. 19), et
que l'on touche le conducteur d'une machine
en activité, tout le corps s'électrise, les cheveux
se hérissent ; on sent comme un souffle léger,
principalement au visage ; et, de toutes les

parties du corps, jaillissent des étincelles à l'approche d'un corps conducteur.

15. La bouteille de Leyde donne des *commotions* beaucoup plus fortes que les machines électriques ordinaires. Ces commotions, dont l'intensité dépend des *dimensions* et de la *charge* des bouteilles, se font sentir, suivant les cas, dans les poignets, les coudes et jusque dans la

Fig. 19. — Tabouret électrique.

poitrine. Elles sont toujours accompagnées d'une contraction musculaire plus ou moins pénible.

Quand on veut recevoir la décharge d'une bouteille de Leyde, on la tient d'une main par *l'armature extérieure*, et de l'autre main, on touche le crochet qui communique avec *l'armature intérieure*.

Si l'on est plusieurs, et qu'il s'agisse de recevoir la commotion tous à la fois, et en même temps, on se tient par la main, deux à deux, *pour former la chaîne* ; puis le premier prend la bouteille chargée par la panse, et, au moment où le dernier touche l'armature intérieure, tous reçoivent la décharge.

16. Carillon électrique. — Cet appareil (fig. 20), imaginé par Franklin, se compose d'une tige de cuivre, portant trois timbres. Les deux extrêmes communiquent métalliquement avec la tige : celui du milieu, au contraire, en est isolé, mais il est en communication avec le sol, à l'aide d'une chaîne de métal. A la hauteur des timbres, et entre celui du milieu et les deux

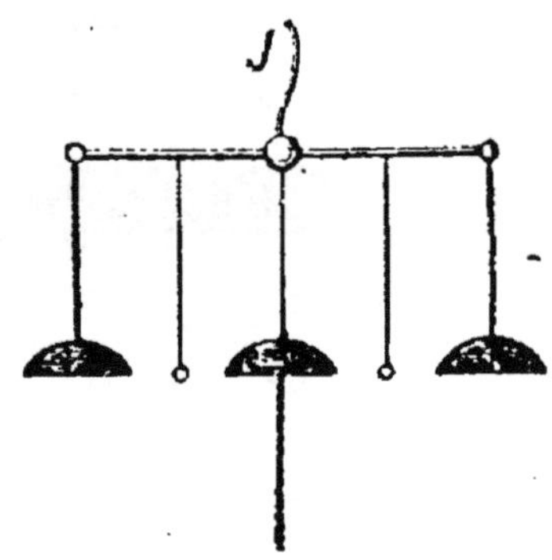

Fig. 20. — Carillon électrique.

autres, se trouvent, suspendues par des fils de soie, deux petites balles de cuivre. Enfin un crochet de cuivre permet de suspendre l'appareil au conducteur de la machine électrique.

Vient-on maintenant à faire tourner le plateau de la machine électrique, les deux timbres extrêmes s'électrisent ; les balles sont attirées et vont frapper contre eux ; puis elles sont repoussées et tombent sur le timbre du milieu, qui les ramène à l'état naturel. Ces allées et ces venues alternatives, d'où résulte une succession de petits sons, ne cessent qu'avec la charge de la machine électrique.

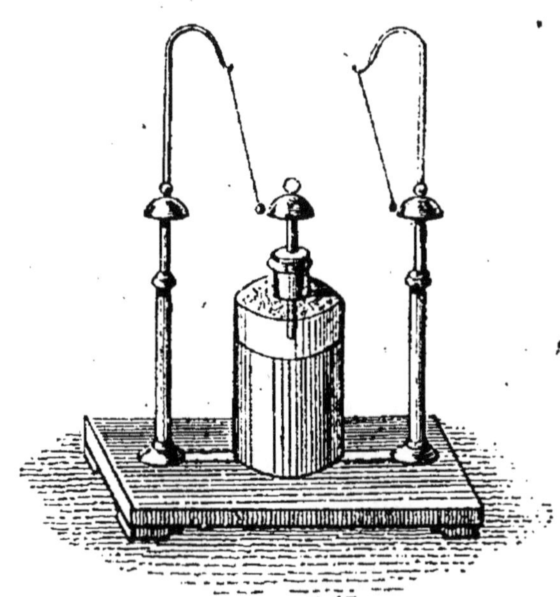

Fig. 21. — Décharge successive de la bouteille de Leyde.

On peut encore obtenir le jeu du carillon électrique par la décharge successive de la bouteille de Leyde, comme le représente la figure 21.

17. Grêle électrique. — Cet appareil qu'employait Volta pour expliquer sa théorie de la formation de la grêle, se compose d'une cloche de verre tubulée, placée sur un plateau de métal. La tubulure de la cloche est fermée par un bouchon dans lequel passe à frottement

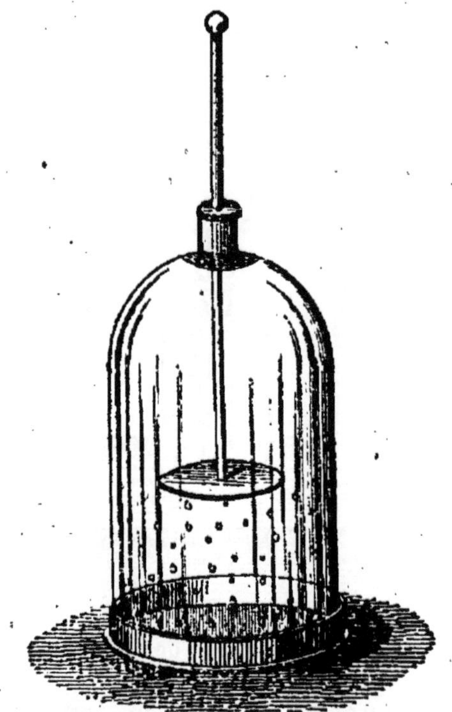

Fig. 22. — Grêle électrique.

assez dur une tige de cuivre portant à la partie inférieure une boule ou un plateau métallique, qu'on peut amener à différentes distances du fond, en agissant sur la tige. Sur le fond de l'appareil, qui doit être en parfaite communication avec le sol, on a placé des balles de moelle de sureau en assez grande quantité (fig. 22).

Pour faire fonctionner cet appareil, on met la tige en communication avec le conducteur d'une machine électrique, et on charge le tout. On voit alors les balles de sureau monter et descendre rapidement entre les deux plateaux, par suite des attractions et des répulsions successives qui ont lieu.

18. Si on remplaçait les balles de sureau par des figurines en moelle de sureau, celles-ci exécuteraient une danse plus

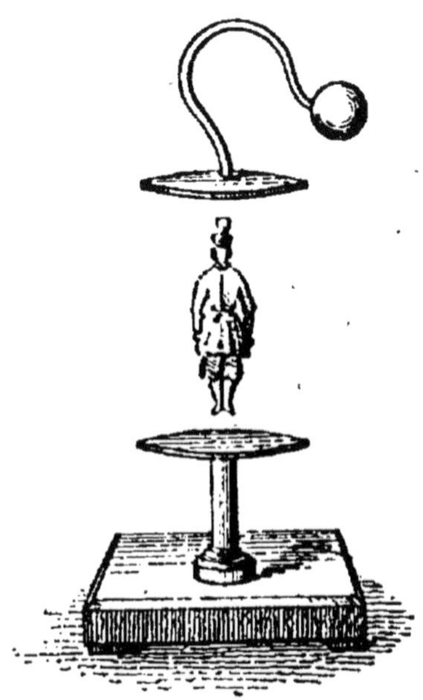

Fig. 23. — Danse des pantins.

ou moins régulière entre les deux plateaux. C'est la **danse des pantins** (fig. 23).

19. **Vent électrique.** — Quand on approche la main d'une tige métallique terminée en pointe et fixée sur le conducteur d'une machine électrique en activité, on sent comme un souffle

produit par les molécules d'air, électrisées d'abord et ensuite repoussées. C'est le **vent électrique,** capable d'infléchir et même d'éteindre la flamme d'une bougie qu'on place au-devant et très - près de la pointe (fig. 24).

Fig. 24. — Vent électrique.

20. **Tourniquet** **électrique.** — Mais, comme il n'y a jamais d'action sans réaction, les molécules d'air doivent aussi repousser la pointe, et, si celle-ci était rendue mobile, elle devrait prendre un mouvement en sens contraire du vent électrique. L'expérience, en effet, confirme ces prévisions. Des fils de laiton effilés, et dont

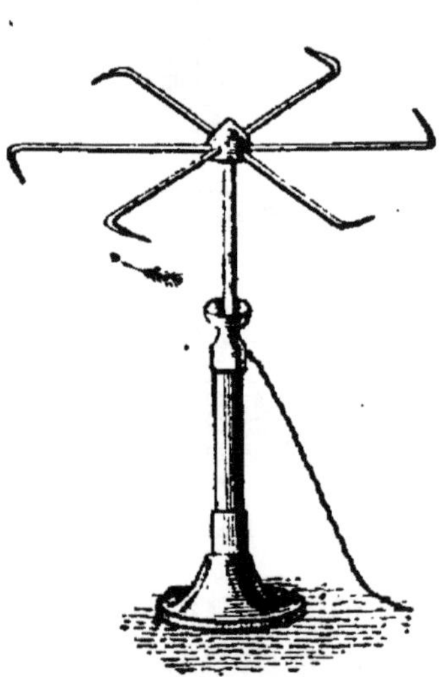

Fig. 25. — Tourniquet électrique.

les extrémités sont recourbées en sens inverses, ont été fixés à une chape centrale (fig. 25), qu'on pose sur un pivot vertical en communication avec le conducteur d'une machine électrique.

Quand on charge la machine, le tourniquet se met à tourner, comme si un effet de recul avait lieu sur les pointes.

21. Tube étincelant. — Le **tube étincelant** (fig. 26) est un tube de verre ordinaire, de longueur et grosseur variables, à l'intérieur duquel on a disposé en spirale, à une très-pe-

Fig. 26. — Tube étincelant.

tite distance les uns des autres, de petits losanges découpés dans une même feuille de métal. Le premier de ces losanges est en communication avec une monture de laiton, munie d'un crochet qui permet de suspendre le tube au conducteur de la machine électrique ; le dernier losange communique avec une autre monture du même métal, qu'on tient à la main ou qu'on met en relation avec le sol par un autre corps bon conducteur.

Quand l'électricité passe, des étincelles éclatent à chaque interruption, et le tube s'illumine dans toute sa longueur.

L'expérience doit être faite dans l'obscurité.

Au lieu d'un tube, on peut encore employer une bouteille de Leyde, sur l'armature extérieure de laquelle on a pratiqué des solutions de continuité. On a alors la **bouteille étincelante** (fig. 27).

22. Carreau étincelant. — Cet appareil (fig. 28) n'est qu'une modification du précédent.

Un carreau de verre, sur lequel on a collé une bande d'étain très-étroite, qui se replie parallèlement à elle-même un très-grand nombre de fois, pour se mettre en relation : 1° à l'extrémité supérieure

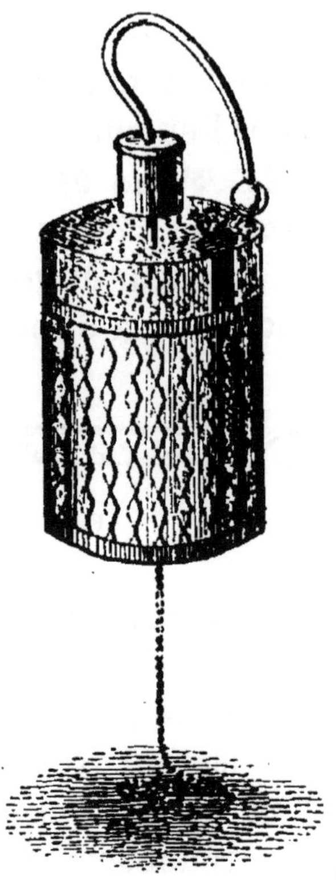

Fig. 27. — Bouteille étincelante.

avec un bouton de cuivre, qu'on approche très-près du conducteur de la machine électrique ; 2° à l'extrémité inférieure avec un bouton tout pareil, communiquant avec le sol.

Si sur ce carreau on a dessiné un objet quel-

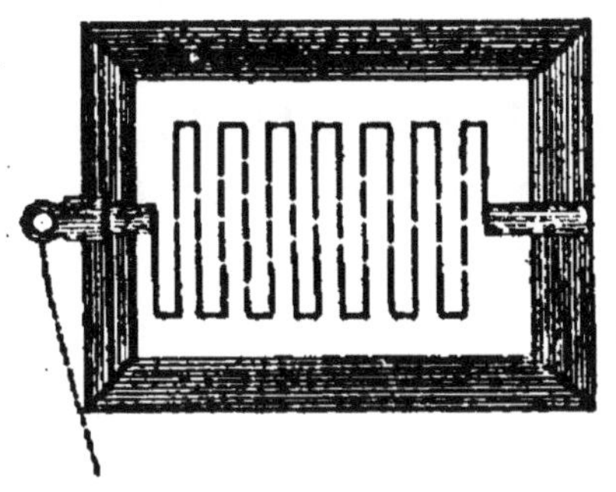

Fig. 28. — Carreau étincelant.

conque en prati-
quant avec un
canif des solu-
tions de continui
té très-étroite sur
la bande d'étain,
on verra, quand
l'appareil se char-
gera d'électricité,

chaque découpure s'illuminer, et leur ensemble représentera l'objet dessiné.

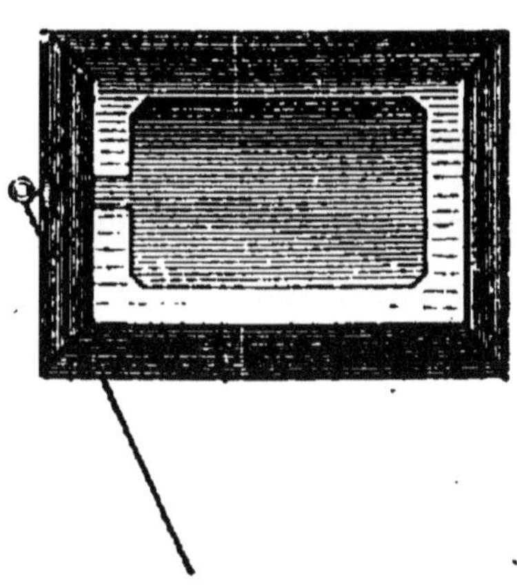

Fig. 29. — Carreau fulminant.

Inutile d'ajouter
que, pour faire cette
expérience, il faut
se placer dans l'ob-
scurité.

**23. Carreau ful-
minant.** — C'est
un véritable con-
densateur à lame
de verre (fig. 29),
sur les deux faces
duquel on a collé

deux lames d'étain. Le carreau étant placé horizontalement, on le charge et on se met en

communication avec l'armature inférieure.
Dans ces conditions, si on approche la main
de l'armature supérieure, on éprouve une commotion accompagnée d'une contraction musculaire, si bien qu'il serait impossible de prendre
une pièce de monnaie placée sur ce plateau,
comme on le montre quelquefois.

24. Inflammation de l'éther. — Quand
une étincelle jaillit à l'extrémité du doigt, on
n'éprouve aucune sensation de chaleur, et ce-

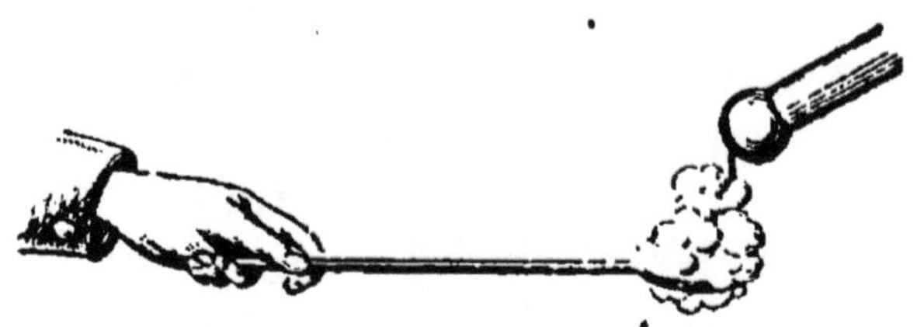

Fig. 30. — Inflammation de l'éther.

pendant cette étincelle est capable d'enflammer
aisément les corps combustibles. C'est ainsi,
par exemple, que la plus petite étincelle suffit
pour enflammer l'éther.

L'expérience peut se disposer de différentes
façons, dans lesquelles l'éther est toujours contenu dans une sorte de capsule métallique, de
cuivre le plus souvent, et munie d'un manche
de même métal (fig. 30).

1° On prend la capsule à la main, par le

manche, et on l'approche du conducteur de la machine électrique en activité : une étincelle jaillit sur l'éther et l'enflamme.

2° On place la capsule sur le conducteur de la machine électrique, on fait tourner le pla-

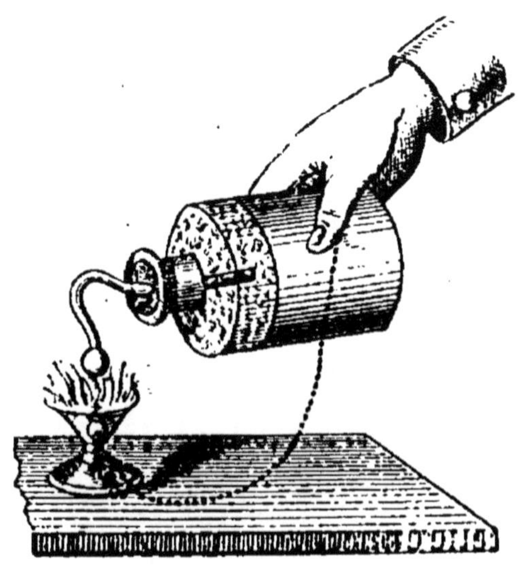

Fig. 31. — Inflammation de l'éther.

teau, on approche le doigt perpendiculairement à la surface de l'éther, etc., etc.

3° On monte sur le tabouret électrique ; d'une main on touche le conducteur d'une machine en activité ; de l'autre on présente la capsule à une autre personne qui excite l'étincelle, etc., etc.

4° Cette expérience peut aussi se faire avec la bouteille de Leyde (fig. 31).

25. Perce-carte. — Quand on place un morceau de carton, une carte de visite, par exemple, horizontalement entre deux pointes métalliques verticales, qu'on peut faire com-

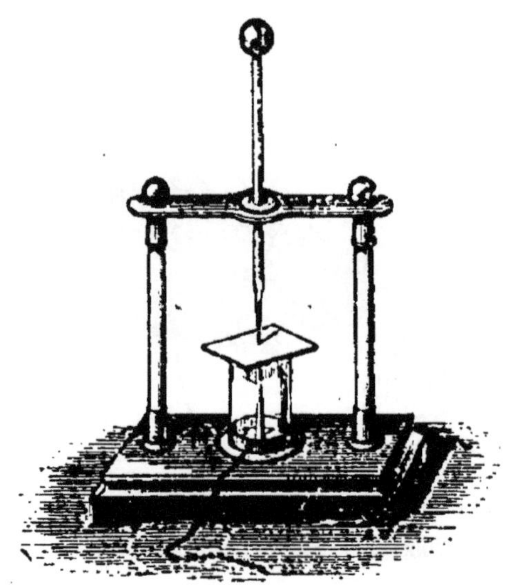

Fig. 32. — Perce-carte.

muniquer l'une avec l'armature intérieure, l'autre avec l'armature extérieure d'une bouteille de Leyde, cette carte est percée, lorsqu'on excite l'étincelle, et le trou présente des bavures sur les deux faces de la carte, absolument comme s'il y avait eu une explosion dans l'in-

térieur même de la carte, en cet endroit
(fig. 32).

Si l'on écarte les pointes, et qu'on donne à la
carte de visite une position très-oblique, on
remarque que le trou est toujours plus près de
la pointe négative que de l'autre, comme si l'air
opposait moins de résistance au mouvement de
l'électricité positive.

26. **Perce-verre.** — Pour percer commo-
dément une lame de verre, on la place sur un
cylindre de même substance, entre deux pointes isolées l'une de l'autre. La pointe supérieure, qui est mise en contact avec la lame de
verre, est recouverte sur une grande partie de
sa longueur d'un mastic isolant (cire à cache-
ter), ainsi que la lame sur la partie qui avoisine
la pointe, dans un espace circulaire de 2 ou
3 centimètres de rayon. On touche avec la
main la pointe inférieure, en même temps qu'on
approche l'autre pointe du conducteur d'une
machine électrique en activité (Lissajous). L'é-
tincelle jaillit entre les deux pointes à travers
la lame de verre, et celle-ci est percée. Cela
fait, avec un couteau, on enlève la plus grande
partie du mastic qu'on a ramolli par l'action de
la chaleur, et le reste avec un tampon impré-
gné d'essence de térébenthine. Pour rendre la

lame bien propre et le trou bien visible, il ne reste plus qu'à essuyer convenablement.

27. Pistolet de Volta. — C'est un vase de fer-blanc ou de laiton, dans lequel pénètre une tige de cuivre, mastiquée à la gomme-laque dans un tube de verre, et dont l'extrémité intérieure, terminée par une petite sphère, est très-rapprochée de la paroi du vase (fig. 33). Quand on tient le vase à la main et qu'on électrise la tige, en l'approchant du conducteur d'une machine électrique en activité, on voit, en regardant dans l'intérieur, des étincelles jaillir entre l'extrémité de la tige et la paroi du vase.

Si le vase avait été rempli d'un mélange convenable d'air et d'hydrogène (3 vol. d'air, 2 vol. d'hydrogène), l'étincelle aurait produit une détonation comparable à celle d'un coup de pistolet (fig. 33 et 34).

Analysons ce phénomène. L'étincelle électrique a déterminé la combinaison des deux gaz, oxygène et hydrogène, avec dégagement d'une grande quantité de chaleur. La vapeur d'eau qui résulte de cette combinaison, se trouvant ainsi portée à une haute température, tend à occuper un volume de beaucoup supérieur à celui du vase ; elle lance au loin le bouchon et s'échappe en grande partie, avec viloence, dans l'atmosphère. De cette vive agitation de l'air résulte un premier bruit. Mais la vapeur d'eau se condense immédiatement ; le vide se fait dans le vase ; l'air s'y précipite : de là un nouveau bruit, mais qui se confond avec le premier, parce qu'il commence en même temps que l'autre cesse.

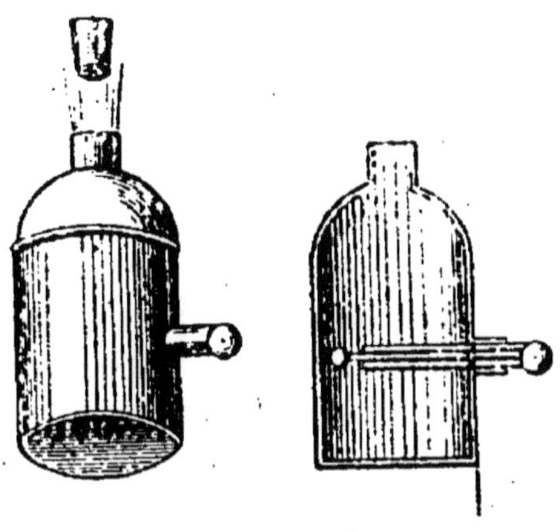

Fig. 33 et 34. — Pistolet de Volta.

Nota. — Pour introduire l'hydrogène, on tient le flacon renversé, et l'on fait arriver le gaz à la partie supérieure tout contre le fond, à l'aide d'un tube de caoutchouc ou de verre *convenablement* recourbé.

28. Le pistolet de Volta nous fournit tout naturellement l'occasion de parler d'un appa-

reil à hydrogène, qui est très-commode pour certaines expériences, et auquel nous avons donné le nom de **gazomètre**, parce qu'il permet d'estimer approximativement la quantité de gaz employée.

Le *gazomètre* (fig. 35) se compose d'un vase cylindrique de verre sur les bords duquel repose un couvercle de laiton.

Au centre de ce couvercle est fixé le fond d'une cloche renversée, de dimension convenable, qui se trouve occuper ainsi le milieu du vase extérieur. Dans cette cloche et à une petite distance de ses bords est suspendu

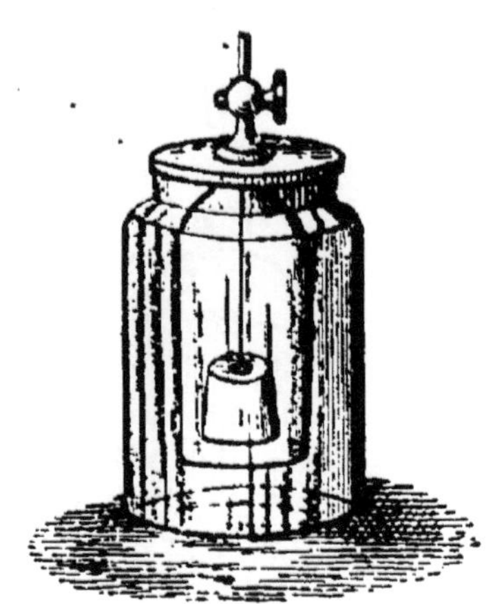

Fig. 35. — Gazomètre.

un morceau de zinc au moyen d'un fil de cuivre. Enfin l'ajutage de laiton qui supporte la cloche et qui est rivé dans l'intérieur de celle-ci, est percé suivant son axe d'un canal assez étroit et se termine extérieurement par un cylindre vertical, muni d'un robinet et d'une hauteur de 5 à 6 centimètres.

On commence par remplir le vase extérieur, aux deux tiers environ, d'eau acidulée par l'acide sulfurique ; puis on y descend la cloche, après avoir eu soin d'ouvrir le robinet pour permettre à la plus grande partie de l'air de s'échapper. Quand la cloche est en place, on ferme le robinet.

Au contact de l'eau acidulée, le zinc donne naissance à de l'hydrogène, qui déprime le liquide de plus en plus, et dont le dégagement ne s'arrête que lorsque le métal cesse d'être baigné par l'eau acidulée. Pour chasser de la cloche l'air qui était resté primitivement, on la vide deux ou trois fois, en ouvrant le robinet, et dès lors le gazomètre est prêt à fonctionner.

Ajoutons enfin que la disposition de cet appareil est telle, qu'elle permet, en outre, de faire immédiatement l'expérience des **tubes chantants**, etc., etc.

Nota. — Les expériences que nous avons décrites précédemment ne sont certes pas les seules qu'on puisse faire avec la machine électrique. Mais, comme les limites de ce Manuel ne nous permettent pas de développer davantage un sujet pourtant si intéressant, nous nous contenterons de citer les expériences suivantes :

Le *thermomètre de Kinnersley* (A), le *Portrait de Franklin* (B), la *Maison de Franklin* (C), le *Mortier électrique* (D), les *Figures de Lichtenberg* (E), la *Tête à perruque* (F), le *Chasseur et son but* (G), l'*Escarpolette* (H), et enfin la *Balançoire électrique* (I).

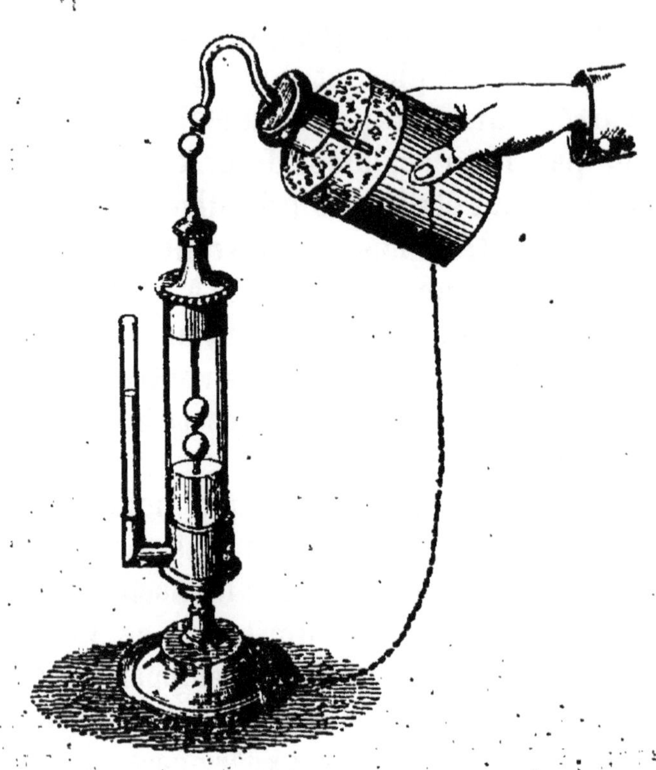

A. — Thermomètre de Kinnersley.

B. — Portrait de Franklin.

C. — Maison de Franklin.

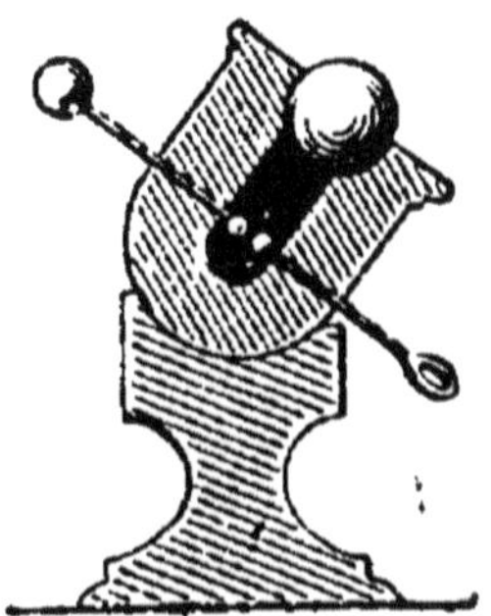

D. — Mortier élec-
trique.

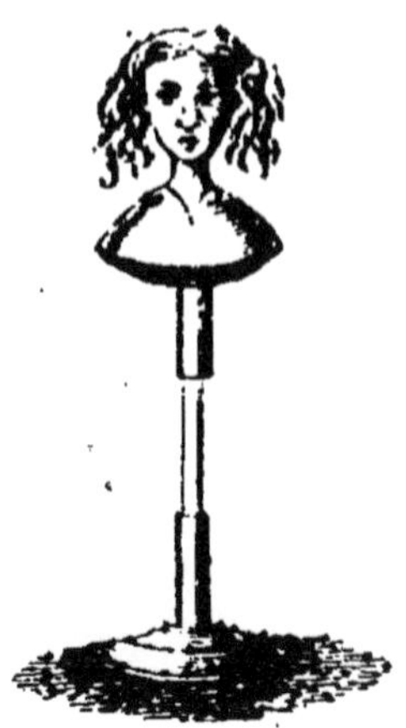

E. — Figures de Lichtenberg.

F. — Tête à perruque.

G. — Le chasseur et son but.

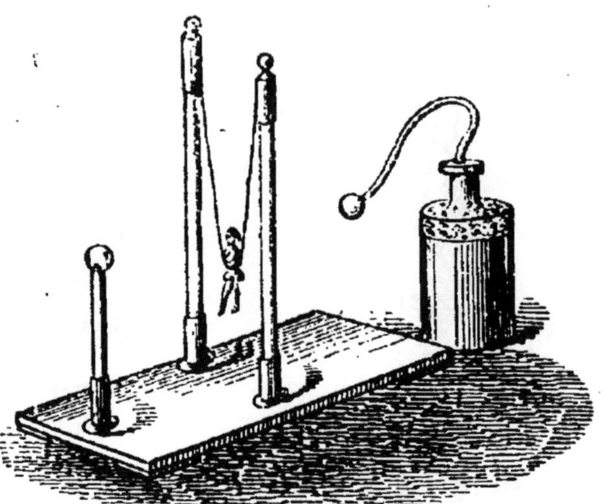

H. — L'escarpolette.

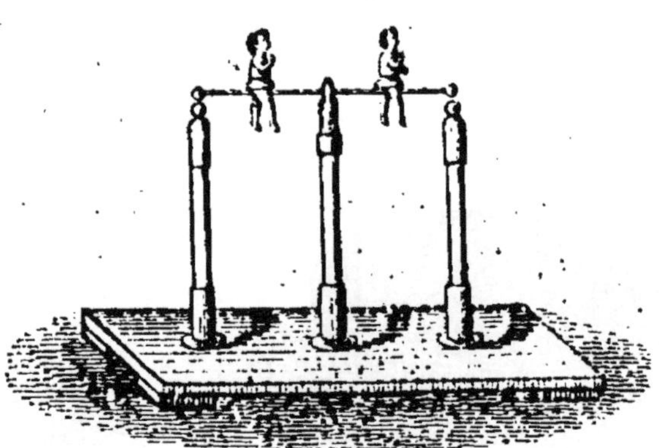

I. — Balançoire électrique.

MAGNÉTISME

29. On appelle **aimant** toute substance qui jouit de la propriété d'attirer le fer.

Les **aimants naturels** sont des oxydes de fer (Fe^3O^4), qu'on trouve très-abondamment dans la nature.

Fig. 36. — Aimant en fer à cheval.

Les **aimants artificiels** sont des barreaux ou des aiguilles d'acier, auxquels on a communiqué les propriétés magnétiques. On donne quelquefois aux aimants artificiels la forme de *fer-à-cheval* (fig. 36 et 36 *bis*).

30. Un aimant n'agit pas sur le fer avec une égale intensité par tous les points de sa surface. On peut démontrer ce fait en roulant

Fig. 36 *bis*. — Barreau aimanté.

l'aimant dans la limaille de fer. Cette limaille s'attache à l'aimant en filets divergents, dont la longueur et le nombre vont en augmentant à partir du milieu où l'adhérence est nulle (*ligne neutre*), jusqu'à deux points placés vers les extrémités et qu'on appelle **pôles.**

On peut encore faire cette expérience d'une autre manière.

Au-dessous d'un carton blanc, on place un barreau aimanté; puis, à l'aide d'un petit tamis, on saupoudre uniformément le carton de li-

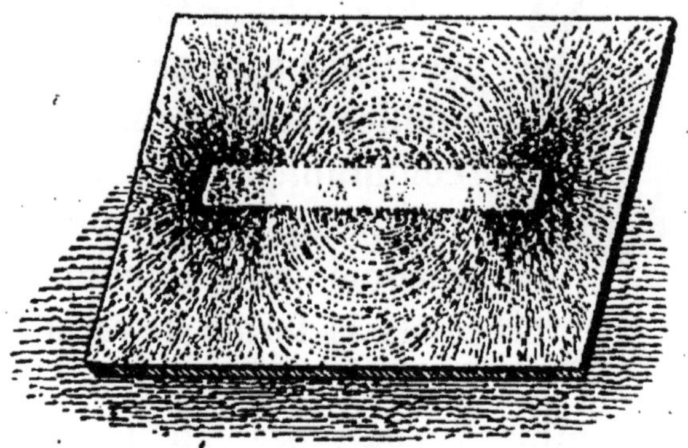

Fig. 37. — Spectre magnétique.

maille de fer très-fine. En imprimant quelques légers chocs au carton, on voit la limaille dessiner régulièrement le contour du barreau : c'est ce qu'on nomme quelquefois le **spectre magnétique** (fig. 37).

31. Un aimant, librement suspendu dans un plan horizontal, se dirige du Nord au Sud.

Cet effet est dû à l'action de la terre que l'on

peut assimiler à un aimant. Le **pôle boréal magnétique** de la terre, qui est placé près du **pôle nord géographique**, attire l'un des pôles de l'aimant, et repousse l'autre.

L'action d'un aimant sur un autre aimant produit le même effet. Soit A et B les deux pôles d'un aimant mobile ; A' et B', ceux d'un autre aimant, que l'on tient à la main. On présente le pôle A', successivement au pôle A et au pôle B, et l'on remarque qu'il repousse le premier et attire le second.

On fait la même expérience avec le pôle B', et ce pôle attire au contraire A, et repousse B. Ainsi les deux pôles A' et B' agissent différemment, et nous pouvons admettre l'existence de deux magnétismes, comme nous avons admis celle de deux électricités.

Les pôles qui se repoussent portent le même nom, et ceux qui s'attirent, des noms contraires. Par suite, des deux pôles d'un aimant celui qui est attiré par le *pôle boréal* de la terre a reçu le nom de **pôle austral**, et celui qui se dirige vers le sud, le nom de **pôle boréal**.

L'aiguille aimantée se dirige dans le plan du méridien magnétique, son *pôle austral* tourné vers le *Nord*, et son *pôle boréal* tourné vers le *Sud*.

Les artistes ont l'habitude de bleuir au feu le pôle austral des aiguilles (fig. 38).

32. **Le méridien magnétique** est le plan vertical qui passe par les deux pôles magnétiques de la terre. On sait que le **méridien as-**

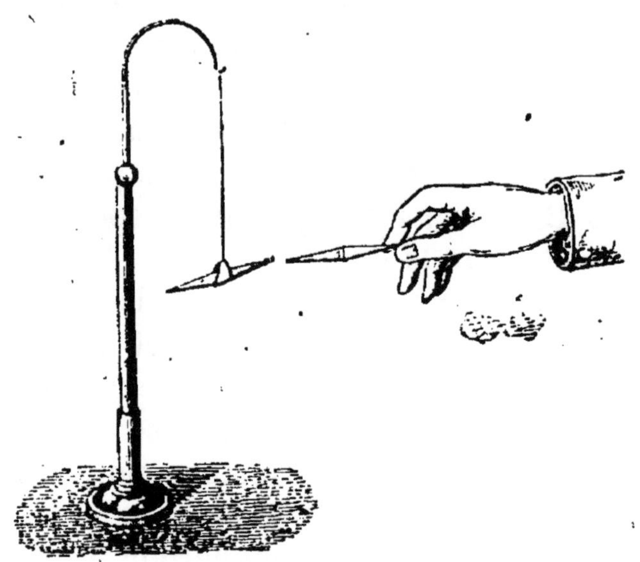

Fig. 38. — Pendule magnétique.

tronomique est le plan vertical qui passe par les deux pôles de rotation de la terre.

33. Ces deux plans ne coïncident pas ; l'angle qu'ils font s'appelle **déclinaison magnétique**. La déclinaison magnétique n'est pas constante pour un même lieu ; à Paris, elle est actuellement d'environ 17° 23′ à l'Ouest.

34. Boussole de déclinaison. — Tout appareil propre à mesurer la déclinaison magnétique porte le nom de **boussole de déclinaison**. L'aiguille des boussoles est en acier, très-légère ; elle repose sur un pivot vertical, par une chape conique en agate, et on lui donne le plus souvent la forme d'un losange très-allongé, dont les extrémités se meuvent sur un cadran divisé (fig. 39).

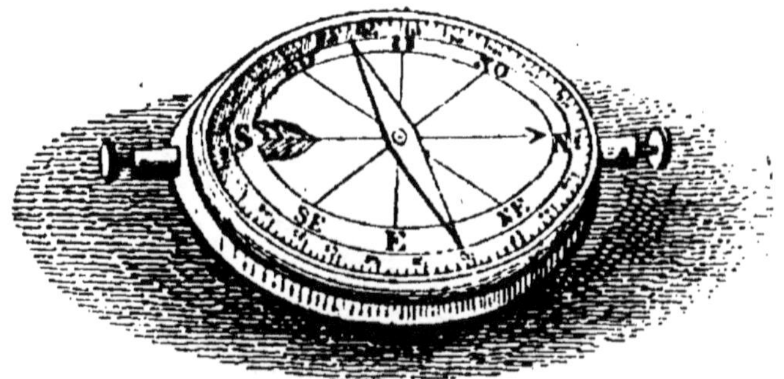

Fig. 39. — Boussole de déclinaison.

Pour obtenir la déclinaison avec toute la rigueur désirable, il faut faire plusieurs observations que nous n'indiquerons pas (voir les *Traités de Physique*).

35. Inclinaison de l'aiguille aimantée. — L'inclinaison magnétique est l'angle que fait avec l'horizon l'axe polaire d'une aiguille aimantée, mobile autour de son centre de gra-

vité dans le méridien magnétique. On prend
pour l'inclinaison le plus petit angle que la partie inférieure de l'aiguille fait avec l'horizon.

Les appareils propres à observer l'inclinaison s'appellent **boussoles d'inclinaison**.

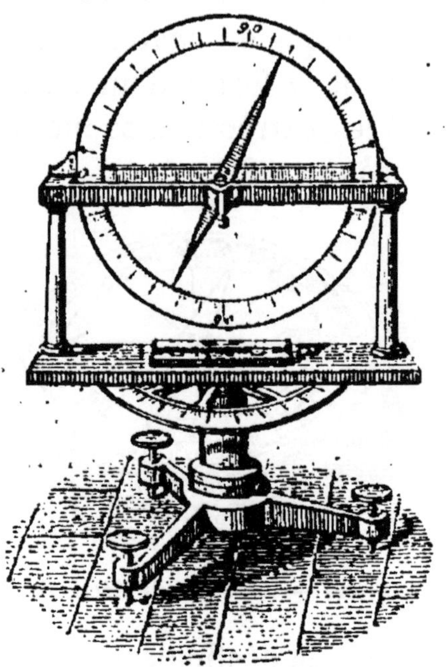

Fig. 40. — Boussole d'inclinaison.

36. Boussole d'inclinaison. — Une boussole d'inclinaison (fig. 40) se compose essentiellement d'un cercle vertical de cuivre, divisé en parties égales, et d'une aiguille aimantée dont le centre coïncide avec le centre du

4

cercle. Elle est supportée par deux cylindres d'acier qui reposent sur des plans d'agate. La détermination exacte de l'inclinaison est une opération délicate et qui exige *huit* observations (voir les *Traités de Physique*).

L'aiguille d'inclinaison, comme celle de déclinaison, est soumise à des *variations séculaires, annuelles* et *diurnes*, ainsi qu'à des *perturbations* (aurore boréale, tremblement de terre, éruptions volcaniques, et surtout chute de la foudre dans le voisinage).

37. Procédés d'aimantation. — Les aimants artificiels sont, avons-nous dit, des aiguilles, ou des barreaux d'acier.

Parmi les différents procédés d'aimantation, nous choisirons le suivant, celui de la **double touche.**

Supposons qu'il s'agisse d'aimanter un barreau AB (fig. 41).

On le place horizontalement sur les pôles opposés de deux aimants puissants B', A' sur une longueur d'environ 3 centimètres. Au milieu de AB on place, en les inclinant de 15° à 20°, deux aimants A″ et B″ ; ces aimants ne se touchent pas ; ils sont séparés par un parallélipipède de bois. On les fait alors glisser simultanément vers une même extrémité puis

on les ramène ensemble vers l'extrémité opposée, en leur faisant parcourir toute la longueur
du barreau, en ayant soin de revenir au milieu

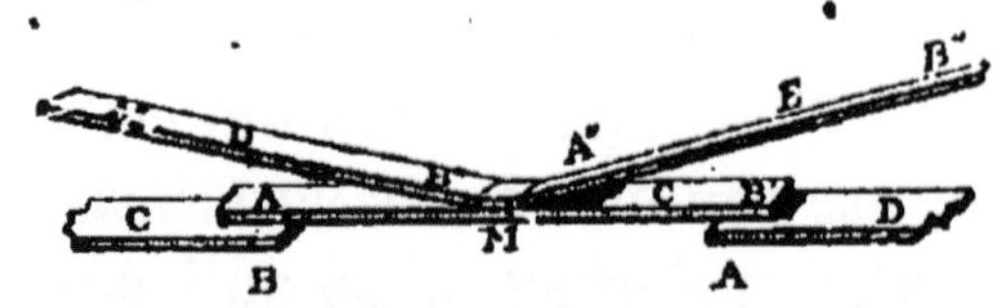

Fig. 41. — Méthode de la double touche.

par l'extrémité opposée à celle par laquelle on
a commencé.

Ce procédé d'aimantation est le plus énergique; mais il fait naître assez souvent des *points
conséquents* (on appelle *point conséquent* un point
où l'aimantation change de sens).

38. **Méthode électrique.** — Sur un tube de
verre (fig. 42) est enroulé en hélice un fil de
cuivre recouvert de soie. Si le fil est enroulé de
droite à gauche, comme les spires d'un tire-

Fig. 42. — Aimantation par les courants.

bouchon, ou les filets d'une vis, l'hélice est dite
dextrorsum ; si le fil est enroulé de gauche
à droite, l'hélice est dite **sinistrorsum.**

Dans l'intérieur du tube, on place le barreau à aimanter et l'on fait passer un courant suffisamment intense, pendant un instant seulement. Le barreau se trouve fortement aimanté.

Dans le cas d'une hélice *dextrorsum* le *pôle boréal* est à l'*entrée*, le *pôle austral* à la *sortie* du courant ; avec une hélice *sinistrorsum*, c'est l'inverse qui a lieu.

On peut encore dire, et cela vaut mieux que, quelle que soit l'espèce d'hélice employée, le pôle austral du barreau se trouve à la gauche d'une personne qui serait couchée dans le courant, de façon que ce courant lui entre par les pieds et lui sorte par la tête, cette personne regardant le barreau (AMPÈRE).

39. Aimantation du fer doux. — Le fer doux s'aimante comme l'acier ; seulement l'aimantation n'a lieu que pendant le passage du courant, à la condition toutefois que le fer doux soit d'excellente qualité, car, s'il était un peu carburé, le fer conserverait plus ou moins longtemps du magnétisme libre (magnétisme rémanent).

40. Électro-aimant. — Presque toujours on donne au fer doux la forme dite *en fer à cheval* (fig. 43), de manière que les extrémités soient voisines et puissent agir ensemble sur un morceau de fer muni d'un crochet et qu'on nomme *contact*. Il faut avoir soin d'enrouler le

Fig. 43. — Électro-aimant.

fil en sens contraires sur les deux branches pour avoir deux pôles contraires aux extrémités.

TÉLÉGRAPHIE ÉLECTRIQUE

41. C'est sur le principe de l'aimantation du fer doux par le passage d'un courant et sur sa désaimantation, quand le courant cesse, qu'est fondée la **télégraphie électrique.**

Un appareil de télégraphie nécessite l'em-

4.

ploi : 1° d'une **pile** ; 2° de **fils métalliques** établissant la communication entre la station de départ et celle d'arrivée ; 3° d'un **manipulateur** ou appareil destiné à expédier les dépêches ; 4° d'un **récepteur**, c'est-à-dire d'un appareil destiné à les recevoir.

Envoyer des signaux d'une station à une autre, plus ou moins éloignée de la première, tel est le but de la **télégraphie**. Pour cela, il

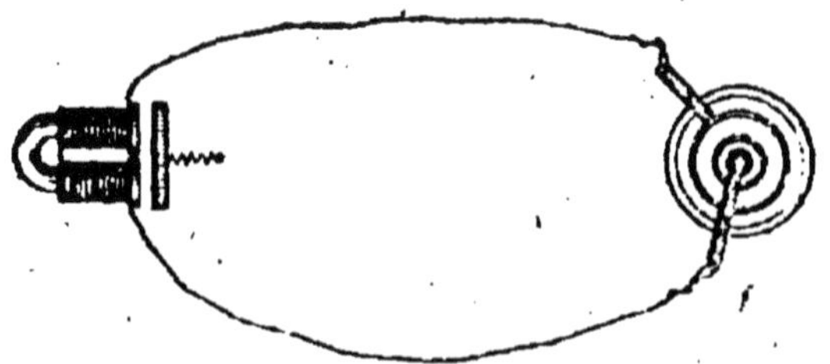

Fig. 44. — Figure théorique.

suffirait, à la rigueur, d'une pile à l'une des stations et d'un électro-aimant, avec son armature à l'autre (fig. 44), la pile et l'électro-aimant étant réunis par un fil métallique, et l'armature maintenue à une certaine distance de l'électro-aimant par un *ressort antagoniste*, convenablement réglé. Dans ces conditions, si l'on faisait passer le courant, l'armature serait attirée par l'électro ; si l'on interrompait le courant, elle serait ramenée en arrière par le ressort, et l'on conçoit que ces mouvements alternatifs puissent être combinés et transformés de façon à donner tels signaux conventionnels que l'on voudra.

Il n'est même pas indispensable, comme l'a montré M. Steinheil, en 1837, de relier par un second fil l'électro au pôle négatif de la pile. On peut se contenter de mettre le pôle négatif de la pile en parfaite communication avec la terre, ainsi que l'extrémité du fil de l'électro-aimant.

Cette disposition présente un double avantage, la résistance du courant est moitié moindre, et il faut moitié moins de fils.

42. **Télégraphe à cadran de Bréguet.** — Dans ce télégraphe (fig. 45), les mouvements alternatifs de l'armature de l'électro produisent sur l'échappement d'une roue dentée, par le moyen d'un levier, le même effet que le pendule dans les horloges ordinaires; c'est-à-dire que cette roue avance d'une dent toutes les fois que le courant passe ou qu'il est interrompu.

L'axe de cette roue porte une aiguille qui se meut comme dans les horloges, sur un cadran divisé en 28 cases égales, dont 26 contiennent les lettres de l'alphabet dans l'ordre A, B, C..., dans la vingt-septième il y a une espèce de croix et quelquefois rien du tout ; dans la vingt-huitième se lit le mot *attention*.

Au-dessus des lettres de l'alphabet se trouvent les vingt-cinq premiers nombres.

L'électro-aimant, la plaque de fer doux, le

Fig. 45. — Récepteur.

levier, l'échappement et la roue dentée, sont fixés dans une caisse en bois ; le cadran et l'aiguille paraissent seuls au dehors.

Dans cette caisse, il y a encore une sonnerie, et l'ensemble de ces pièces porte le nom de **récepteur**.

Le **manipulateur** (fig. 46) se compose essentiellement d'un cylindre de bois de 1 centimètre environ de hauteur, dont la surface est convexe, et partagée en 28 rectangles égaux. La base supérieure de ce cylindre est recouverte d'un disque de laiton dont on a divisé la circonférence en 28 parties égales, qui correspondent aux 28 rectangles de la tranche.

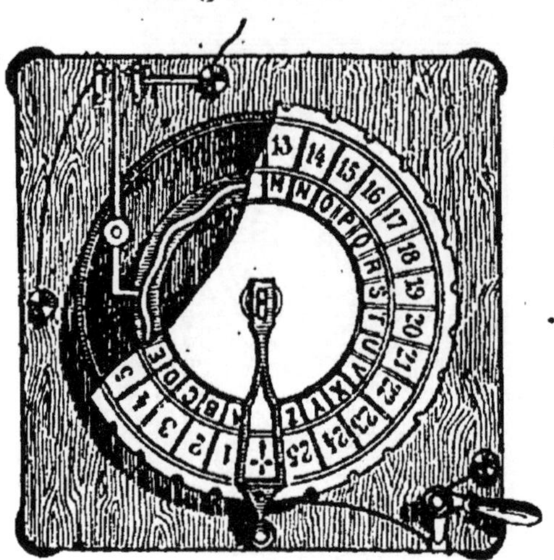

Fig. 46. — Manipulateur.

Ces 28 cases contiennent les mêmes signes que le cadran du récepteur, et on a pratiqué en leur milieu des échancrures dont nous verrons plus loin l'usage. Les rectangles de la tranche sont recouverts de deux en deux par des rectangles de laiton, faisant corps avec le disque supérieur. Tout ce système est porté par un pied métallique fixé sur une table de bois. Une manivelle qu'on insère dans les échancrures dont nous avons parlé plus haut, permet de faire tourner le cylindre autour de son centre et d'amener chaque case vis-à-vis d'un point de repère.

Les deux bornes de laiton que l'on voit à côté communiquent métalliquement : l'une avec le pied qui supporte le cylindre, l'autre avec un ressort métallique qui s'appuie sur la tranche de ce même cylindre.

FONCTIONNEMENT DE L'APPAREIL.

1° Mettre **l'aiguille du récepteur** au zéro, c'est-à-dire sur la case vide de signe ou dans laquelle il y a une croix. Pour cela, on agit sur l'armature de l'électro, à l'aide d'une tige qui traverse la partie supérieure de la caisse et dont l'extrémité inférieure est maintenue par un ressort à boudin un peu au-dessus de l'armature de l'électro-aimant ;

2° Amener aussi au zéro la **manivelle du manipulateur ;**

3° Mettre le **pôle positif de la pile** en communication avec l'une des bornes du manipulateur, et l'une des extrémités du fil de l'électro-aimant avec l'autre borne du manipulateur ; puis faire communiquer l'autre extrémité du fil de l'électro avec le **pôle négatif** de la pile.

Dans ces conditions, le courant ne passe pas, car le ressort du manipulateur repose sur un rectangle de bois ; mais, si, par le jeu de la manivelle, nous amenons au repère le rectangle suivant qui est métallique, le courant passera, l'armature de l'électro sera attirée, et l'aiguille se mettra sur le mot *attention*. Si on fait encore avancer la roue du manipulateur d'un cran, c'est-à-dire si l'on amène la lettre A au repère, le courant sera interrompu de nouveau, l'armature de l'électro se relèvera, et l'aiguille du récepteur viendra se placer vis-à-vis de la lettre A.

En résumé, on voit que la lettre ou le signe vis-à-vis duquel l'aiguille du récepteur vient se placer, est toujours identique à la lettre ou au signe qui se trouve au repère du manipulateur.

Il nous reste à dire un mot maintenant de la **sonnerie du récepteur,** laquelle a pour but d'avertir qu'une dépêche va être transmise.

C'est un timbre sur lequel frappe un marteau mis en jeu par un mouvement d'horlogerie, ou par un électro-aimant (*sonnerie à trembleur,* fig. 47).

Ainsi, après avoir mis le *manipulateur* et le

Fig. 47. — Sonnerie à trembleur.

récepteur au zéro, il faudra encore avoir soin de

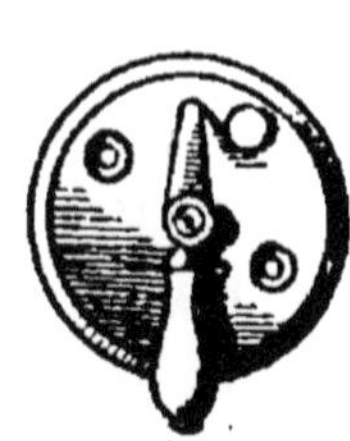

Fig. 48.
Commutateur.

disposer ce dernier de façon que le courant, qui passera quand on mettra au repère le mot *attention* du manipulateur, agisse sur la sonnerie et non pas sur l'aiguille du récepteur. Un commutateur très-simple permet d'obtenir ce résultat (fig. 48).

Quand on a été ainsi prévenu, on arrête la

sonnerie, et on établit la communication avec le *récepteur*.

L'aiguille se place alors sur le mot *attention*, et l'on est prêt à recevoir la dépêche.

Il est inutile de dire que dans *tout poste télégraphique*, il y a au moins un *manipulateur* et un *récepteur* (fig. 48 *bis*), le manipulateur d'un poste servant à faire fonctionner le récepteur d'un autre poste.

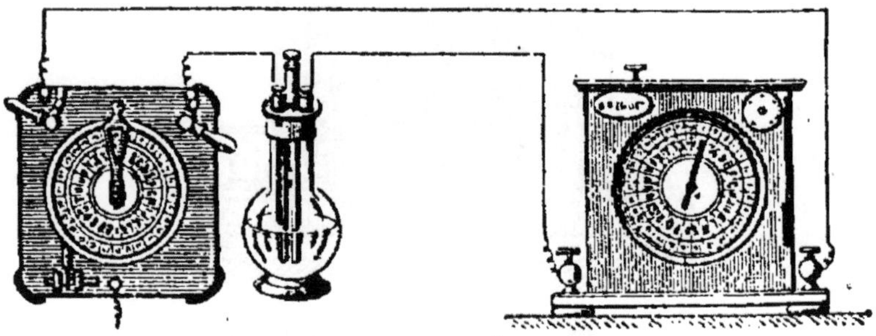

Fig. 48 *bis*. — Poste télégraphique.

Nous indiquerons à l'article **Piles** quelles sont celles que l'on emploie dans la télégraphie.

Nous ne dirons rien des fils télégraphiques aériens qui sont en fer galvanisé, non plus que de la disposition des fils télégraphiques sous-marins.

43. **Télégraphe de Morse** (modifié par Digney frères, fig. 49). — Dans ce système de

télégraphe, l'armature de l'électro-aimant, quand elle est attirée, applique sur une molette, toujours humectée d'encre, une bande de papier qu'un mouvement d'horlogerie fait avancer avec une vitesse convenable et constante.

Fig. 49. — Télégraphe de Morse (système Digney).

Lorsque le contact n'a lieu qu'un instant, il n'y a qu'un **point** sur la bande de papier ; si le contact a duré plus longtemps, il se forme un **trait**, et l'on conçoit qu'en combinant ces points et ces traits, on puisse représenter conventionnellement toutes les lettres de l'alphabet et tous les chiffres (voir l'*Alphabet*).

Avec ce télégraphe le contrôle est possible, ce qui n'a pas lieu avec le télégraphe à cadran.

Le *manipulateur* de ce télégraphe (fig. 50) est d'une extrême simplicité. C'est une pièce de cuivre mobile autour d'un axe horizontal et

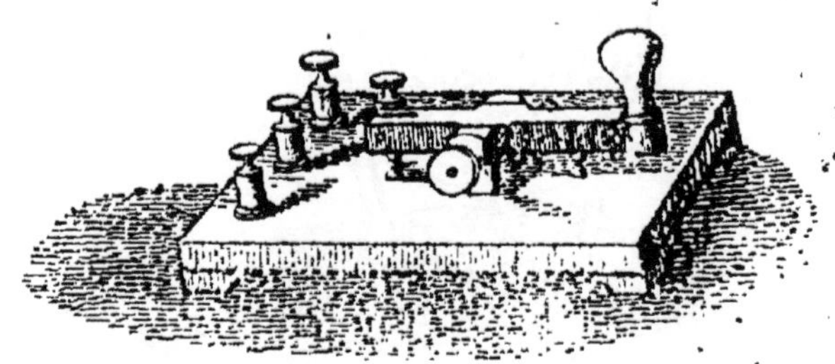

Fig. 50. — Manipulateur.

maintenue soulevée par un ressort du côté de la poignée.

Cette position de la tige permet de recevoir une dépêche. Quand on veut en envoyer une, on appuie sur la poignée pour la mettre en contact avec l'**enclume** qui se trouve au-dessous, et cela pendant un temps qui varie avec le **signe** (*point* ou *trait*) que l'on veut transmettre.

ALPHABET DU TÉLÉGRAPHE MORSE.

Lettres.

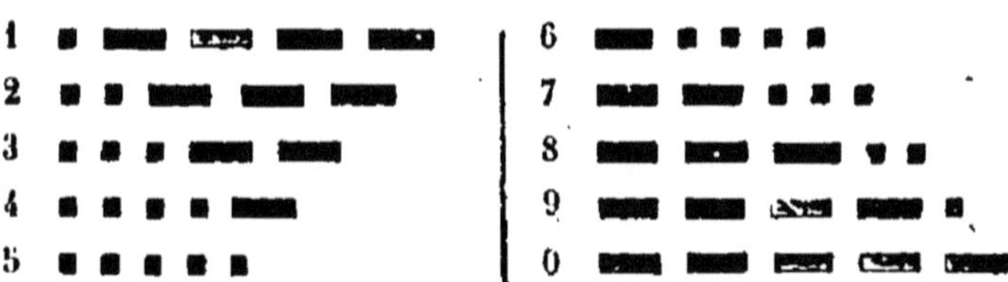

Chiffres.

44. Sonneries électriques. — Il y a différents systèmes de sonneries électriques.

Le plus simple, le seul que nous décrirons, est la **sonnerie à trembleur** (fig. 51).

Le courant de la pile passe dans l'électro-aimant, en traversant le manche en fer du marteau, qui est attiré, et frappe sur le timbre.

Mais alors le courant est interrompu, et le marteau revient à sa position initiale par l'effet d'un ressort antagoniste, convenablement réglé. Le courant passe de nouveau ; de nouveau aussi le marteau est attiré, et ainsi de suite.

Pour les sonneries électriques, comme pour les télégraphes, il faut une pile et des fils conducteurs parfaitement isolés.

45. Moteurs électro-magnétiques. — Nous avons vu qu'un électro-aimant peut recevoir et perdre *instantanément* sa force magnétique.

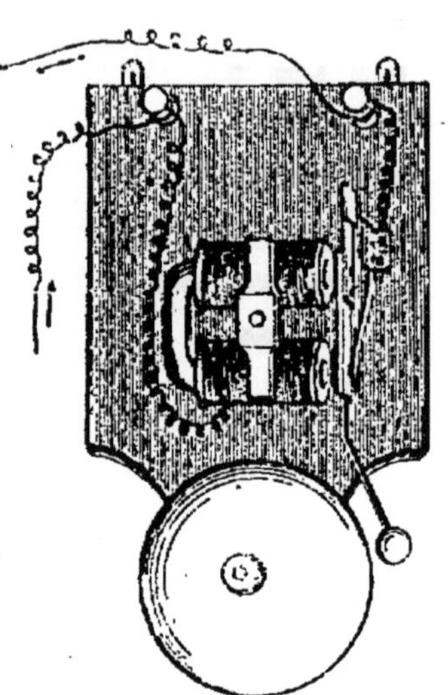

Fig. 51. — Sonnerie à trembleur.

Pour utiliser cette force, on a imaginé un grand nombre d'appareils, parmi lesquels nous mentionnerons celui de **Froment** (fig. 52).

1° *Quatre électro-aimants* sont disposés circulairement sur un bâti de fonte.

2° Une *roue* porte sur son contour huit barreaux de fer doux, disposés parallèlement à
l'axe. Quand la roue tourne, ces barreaux viennent successivement raser les pôles des électro-aimants, sans les toucher.

3° Un *interrupteur*, mis en mouvement par

Fig. 52. — Appareil de Froment.

une roue à cames, fait passer le courant d'une
pile dans les électro-aimants, aux moments
convenables. Cela posé, quand le courant passe
dans un électro, il attire le barreau de fer doux
le plus voisin ; puis, le courant étant interrompu, cet électro revient à l'état naturel et le

courant passe dans l'électro suivant, qui dès lors attire aussi le barreau de fer doux, et la roue se trouve animée d'un mouvement de ro-

Fig. 53. — Appareil de Bourbouze.

tation, dont la rapidité varie avec la force de la pile.

M. Bourbouze a construit un moteur électrique à mouvement alternatif (fig. 53). Cet appareil se compose de deux *paires d'hélices* magnétisantes (1), dans chacune desquelles se trouve un barreau fixe en fer doux, qui occupe la moitié de la hauteur de l'hélice, et un autre barreau mobile articulé à l'extrémité d'un balancier. Si le courant passe dans les deux hélices de droite, par exemple, les deux barreaux de fer doux s'aimantent dans le même sens et les barreaux mobiles sont attirés et s'enfoncent dans ces hélices, en faisant basculer le balancier. Lorsque le rapprochement des deux barreaux est devenu maximum dans cette première paire d'hélices, le courant cesse d'y passer, et un commutateur le lance dans la seconde paire d'hélices, celle de gauche, où les mêmes phénomènes d'attraction et de rapprochement des barreaux se produisent. De là un mouvement alternatif du balancier, que l'on peut utiliser et transformer à volonté.

(1) Sur la figure, on n'a représenté que *deux* hélices.

GALVANISME — ÉLECTRICITÉ DYNAMIQUE

46. La découverte du galvanisme date de la fin du dix-huitième siècle (1789). C'est à Galvani, professeur d'anatomie à Bologne, que l'on doit les premiers faits qui provoquèrent les recherches de Volta, et dotèrent la science de l'appareil le plus fécond en applications.

Galvani, voulant étudier l'influence de l'électricité sur les nerfs, avait suspendu les membres inférieurs de grenouilles à un balcon de fer, au moyen de crochets de cuivre, qui traversaient la moelle épinière des grenouilles. Il fut très-étonné de voir ces membres s'agiter convulsivement toutes les fois que le vent leur faisait toucher le fer du balcon.

Quand on veut répéter l'**expérience de Galvani** (fig. 54), on coupe avec des ciseaux, par le milieu du corps, une grenouille vivante ; on

5.

dépouille rapidement ses membres postérieurs, dont on enlève la peau, et l'on met à nu les deux faisceaux de nerfs lombaires, qui apparaissent comme deux cordons blanchâtres, le long des dernières vertèbres de l'épine dorsale. On prend alors une sorte de compas, dont les

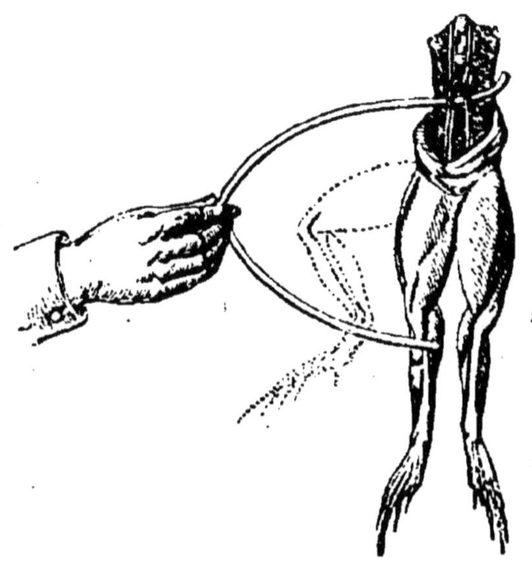

Fig. 54. — Expérience de Galvani.

branches sont l'une de cuivre, l'autre de zinc. On suspend la grenouille à l'une de ces branches par ses nerfs lombaires, et on la voit éprouver des commotions violentes, lorsqu'on touche ses muscles avec l'autre branche du compas.

Sans parler de la discussion qui s'éleva alors entre Galvani et Volta, ajoutons seulement que, dans cette expérience, la **grenouille** était, d'après Galvani, une **véritable bouteille de Leyde**, tandis que, pour Volta, elle jouait simplement le **rôle d'électroscope**.

47. Pile de Volta. — Passons maintenant à la **pile de Volta** (fig. 55).

Pour construire sa pile, Volta prenait un disque de cuivre sur lequel il plaçait un disque de zinc, et, par-dessus celui-ci, une rondelle de drap imbibée d'eau salée ou acidulée. Sur ce premier assemblage, il en posait un second tout pareil, et ainsi de suite.

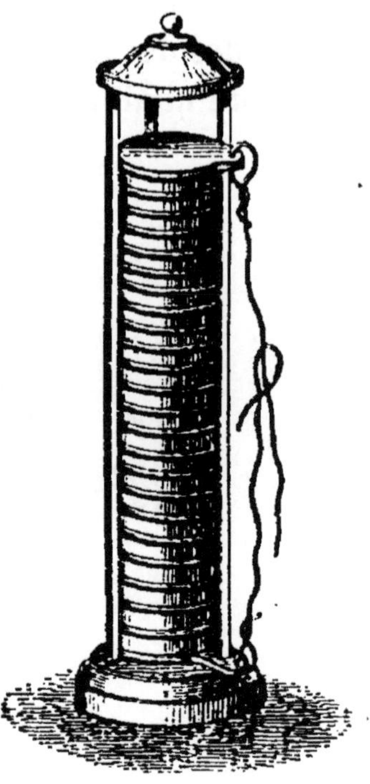

Fig. 55. — Pile de Volta.

Un disque de cuivre ou de zinc est dit un *élément* de la pile, et les deux disques réunis forment un *couple*. Pour que la pile fonctionne.

bien, il faut que la surface des métaux en contact soit bien décapée (voir le *Nota* à la fin de l'article) ; aussi les soude-t-on le plus souvent l'un à l'autre, en donnant au zinc une plus grande épaisseur, parce qu'il est le plus attaqué par les acides ; aujourd'hui on supprime le premier cuivre au bas de la pile de Volta, ainsi que le zinc qui la termine à la partie supérieure, parce que ces deux éléments extrêmes ne font que transmettre l'électricité développée par le zinc ou par le cuivre en contact avec les acides.

Dans la pile de Volta, ainsi modifiée, le *premier élément zinc* est le *pôle négatif*, et le *dernier élément cuivre* est le *pôle positif*.

Deux fils de cuivre recouverts de soie ou de gutta-percha (*rhéophores*), attachés aux deux pôles, permettent de conduire l'électricité partout où on veut la faire agir.

Quand les draps sont imprégnés d'une eau acidulée, contenant 1/16 d'acide sulfurique et 1/20 d'acide azotique, la pile est plus énergique, parce que l'attaque des métaux est elle-même plus vive.

Quoi qu'il en soit, la pile de Volta présente plusieurs inconvénients ; elle est longue à monter ; de plus les couples superposés, comprimant les rondelles de drap, en font suinter le liquide acide, qui ruisselle le long de l'appareil et établit ainsi une communication entre tous les éléments, de sorte que les effets de la pile diminuent rapidement, et deviennent bientôt insensibles.

On a remédié, il est vrai, à ce dernier inconvénient, en modifiant de plusieurs manières la construction de la pile de Volta.

On est même parvenu à empêcher tout dépôt d'hydrogène sur le zinc, en employant du zinc *amalgamé*, et aussi sur le cuivre, en ajoutant un peu d'acide azotique à l'eau acidulée sulfurique. Le courant est alors plus intense et assez constant.

Nota. — Pour **décaper** les disques, on les plonge ordinairement un instant dans l'acide chlorhydrique, puis on les frotte avec du sable et un linge pour les essuyer, les sécher.

Pour **amalgamer** les zincs, on met du mercure au fond d'une terrine ; puis on verse de l'eau acidulée sulfurique au 1/10, en quantité suffisante, pour que les zincs puissent y être totalement immergés, et avec une sorte de goupillon, on étale le mercure sur les deux surfaces des zincs ; ou bien, on plonge les zincs deux ou trois fois dans une dissolution d'azotate de mercure additionnée d'acide chlorhydrique.

48. **Pile de Daniell**, modifiée. — Quand on veut avoir un courant constant, c'est aux piles à deux liquides qu'il faut s'adresser.

Nous commencerons par celle de **Daniell**, et nous allons décrire l'élément modifié (fig. 56).

Un *premier vase extérieur*, en verre, contient

Fig. 56. — Pile de Daniell modifiée.

de l'*eau acidulée sulfurique au* 1/10. Dans ce vase plonge un *cylindre de zinc amalgamé* (pôle négatif), dans l'intérieur duquel on place un *cylindre de terre poreuse*, rempli d'une *dissolution saturée de sulfate de cuivre*; un *petit ballon* renversé, contenant des *cristaux de sulfate de cuivre*, repose sur les bords du cylindre de terre, ce qui maintient toujours le liquide au même état de saturation. Enfin une *lame de cuivre* (pôle positif) est introduite dans la dissolution de sulfate de cuivre.

Quand on réunit les deux pôles (cuivre et zinc), l'eau est décomposée, son hydrogène réduit l'oxyde de cuivre, qui provient du sulfate décomposé, et son oxygène se porte sur le zinc, qui se transforme en sulfate de zinc ; enfin le cuivre se dépose sur la lame de cuivre.

49. Pile de Bunsen. — La pile de Bunsen, modifiée, se compose (fig. 57) :

1° D'un *vase en grès*, contenant de l'*eau acidulée sulfurique au 1/10* ;

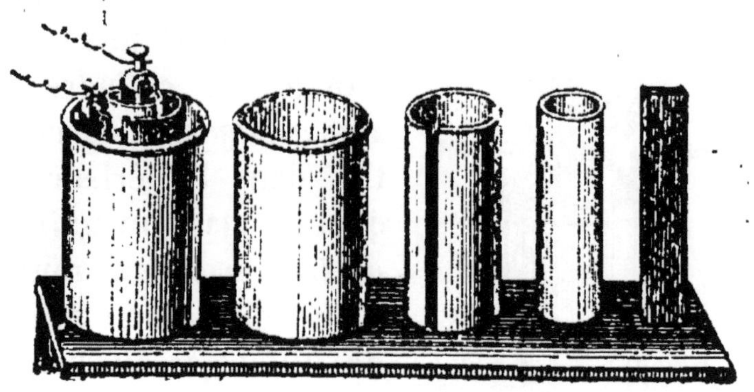

Fig. 57. — Pile de Bunsen.

2° D'un *cylindre de zinc amalgamé* (pôle négatif) ;

3° D'un *vase poreux*, dans lequel on verse une quantité convenable d'*acide azotique* ;

4° D'un *prisme en charbon des cornues à gaz* (pôle positif).

L'eau acidulée se prépare en versant 1 volume d'acide sulfurique ordinaire dans 8 à 10 volumes d'eau. Il faut prendre la précaution de verser l'acide dans l'eau, par petits filets, et d'agiter le mélange avec une grosse baguette de verre pour éviter l'échauffement inégal, et par suite la rupture du vase dans lequel on opère.

Quant à l'acide azotique, on l'emploie tel qu'on le trouve dans le commerce, et on ne le change que lorsqu'il ne marque plus que 26° à l'aréomètre de Baumé. Quelquefois on remplace l'acide azotique par du bichromate de potasse.

L'eau acidulée doit être renouvelée quand on s'aperçoit qu'elle est chargée de sulfate de zinc, ce qu'on reconnaît à l'affaiblissement de la pile.

Si on a plusieurs couples et qu'on veuille les faire fonctionner tous à la fois (fig. 58), on réunit le zinc d'un couple au charbon du couple suivant, au moyen d'une lame de cuivre longue de 25 centimètres environ, soudée d'une part au cylindre de zinc du premier couple, et dont l'autre extrémité est percée d'un trou qui permet de la fixer sur le *presse-charbon* du couple suivant.

Le *charbon* qui, dans l'un des couples extrêmes, n'est réuni à aucun zinc, constitue le **pôle positif** de la pile, et le *zinc* qui, dans l'autre couple extrême, ne se trouve en communication avec aucun charbon, est le **pôle négatif.**

Nota. — Bien décaper les contacts de cuivre en les trempant un instant dans l'acide chlorhydrique, et les essuyant immédiatement avec un linge saupoudré de sable fin.

Éviter que les zincs ne touchent aux vases poreux. Il ne faut pas non plus que la pile **chante**,

Fig. 58. — Pile montée.

ce qui est une preuve que les zincs ne sont pas bien amalgamés.

50. **Pile au sulfate de mercure.** — Ce n'est autre chose qu'une pile de Bunsen, dans laquelle *l'acide azotique* est remplacé par une *bouillie de bisulfate de mercure*, et *l'eau acidulée sulfurique* par de l'eau pure ou salée.

Il faut enduire la partie supérieure des vases en grès et des charbons d'une couche de suif ou d'huile, sur une hauteur de 1 centimètre environ, pour empêcher les sels de *grimper*.

Fig. 59. — Pile des médecins.

Cette pile est employée dans les télégraphes les sonneries électriques et en médecine.

Mais pour cette dernière application, et afin de lui donner moins de volume et d'en rendre l'usage plus commode, on lui donne la forme de pile à auges (fig. 59).

51. Pile au sulfate de plomb. — Au lieu d'*absorber l'hydrogène par les liquides*, comme dans les trois piles précédentes, on a cherché à *obtenir le même résultat avec les solides*, ce qui permet de supprimer le vase poreux.

MM. Becquerel et Marié-Davy ont montré que, dans la pile à sulfate de plomb, *ce sel* agit comme la *dissolution de sulfate de cuivre* dans la *pile de Daniell.*

Voici comment on prépare les prismes ou cylindres de sulfate de plomb. On gâche ce sel avec de l'eau salée, et on peut ensuite le mouler comme le plâtre, car il durcit absolument comme lui. C'est le pôle positif de la pile, le zinc étant toujours le pôle négatif.

52. Pile au bichromate de potasse. — Un flacon à large col est fermé par un couver-

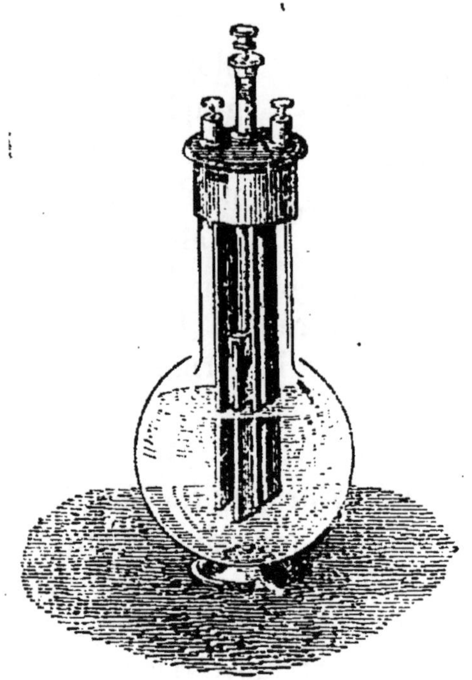

Fig. 60. — Pile-bouteille.

cle auquel sont fixées *deux lames de charbon*, au milieu desquelles peut monter ou descendre, à l'aide d'une tige de cuivre qui traverse le couvercle à frottement assez dur, *une lame épaisse de zinc*, de même largeur que les charbons. Les

deux lames de charbon restent toujours plon-
gées dans une dissolution de bichromate de
potasse (on dissout 100 grammes de bichromate de potasse dans 1 litre d'eau additionnée
de 200 grammes d'acide sulfurique). Quant au
zinc, on ne le fait descendre dans la dissolution que lorsqu'on veut mettre la pile en activité.

Aussi le flacon n'est-il rempli qu'aux 2/3 de
sa hauteur.

On donne encore à cette pile le nom de **pile-
bouteille** (fig. 60).

Voyons maintenant ce qui se passe, quand on
réunit les pôles,
après avoir im-
mergé le zinc
dans la dissolu-
tion. Le zinc dé-
compose l'eau ;
l'hydrogène ré-
duit l'acide chro-
mique, qui est
ramené, partie à

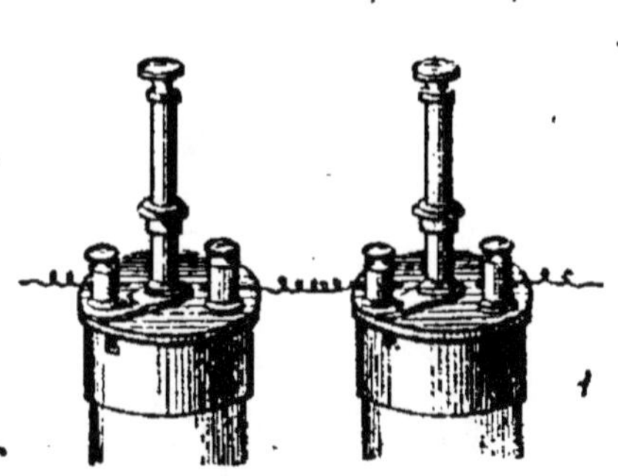

Fig. 61. — Pile-bouteille montée.

l'état de sesquioxyde de chrôme, partie à l'état
d'oxyde de chrôme, de sorte qu'il se forme simultanément du *sulfate de zinc*, du *sulfate de
potasse* et du *sulfate de sesquioxyde de chrôme*,

et par suite de l'*alun de chrôme*. Mais la pile ne tarde pas à s'affaiblir, parce que l'oxyde de chrôme se dépose sur le zinc.

On évite ce grave inconvénient, en faisant passer des bulles d'air dans l'intervalle des lames (Grenet et de Fonvielle). C'est, sans doute, en souvenir de ce perfectionnement apporté à la pile au bichromate, qu'on la désigne quelquefois sous le nom de pile Grenet ; quoique le bichromate ait été employé pour la première fois dans les piles par Bunsen.

53. Pile de Leclanché. — Cette pile (fig. 62) se compose :

1° D'un *vase extérieur* de verre contenant une dissolution de *chlorhydrate d'ammoniaque*, dans laquelle plonge un *cylindre de zinc amalgamé* (pôle négatif) ;

2° D'un *vase poreux* au centre duquel se trouve un

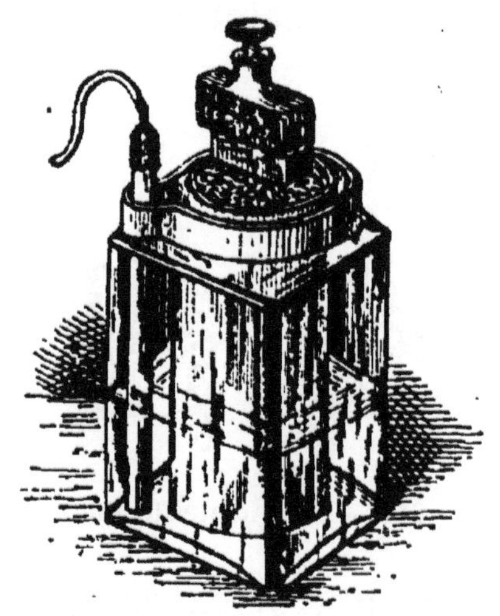

Fig. 62. — Pile Leclanché.

prisme de charbon (pôle positif), entouré d'un

mélange de *péroxyde de manganèse* et de *charbon* grossièrement pulvérisé.

On commence par placer le vase poreux, disposé comme nous venons de le dire, au milieu du vase de verre; puis, entre les deux vases, au fond de la partie annulaire, on met du sel ammoniac en quantité variable avec les dimensions des couples (200 grammes pour les plus grands, 100 grammes pour les moyens, 80 grammes pour les plus petits). On verse de l'eau jusqu'aux 2/3 de la hauteur du vase de verre, et enfin on y place le cylindre de zinc amalgamé.

Cette pile est surtout employée pour les sonneries électriques.

EFFETS DE LA PILE

1° EFFETS PHYSIQUES.

54. Quand on dispose d'une pile assez forte, on peut, selon les circonstances de l'expérience, faire rougir, fondre et même volatiliser un fil métallique qui réunit les deux pôles.

Tous les corps s'échauffent par le passage du courant, et d'autant plus qu'ils sont moins bons conducteurs de l'électricité.

Lorsqu'on réunit les pôles d'une pile de 40 à

50 couples moyens de Bunsen, par deux cônes de charbon des cornues à gaz, les pointes deviennent éblouissantes de lumière, et l'on peut alors écarter les charbons de 7 à 8 millimètres, sans que le courant cesse de passer. C'est ainsi que l'on obtient **l'arc voltaïque**.

Malheureusement le charbon des cornues n'est pas pur et il présente dans l'application plusieurs inconvénients, entre autres celui de scintiller, ce qui amène souvent la suppression brusque de l'arc. D'un autre côté, en brûlant dans l'air, les charbons s'usent et bientôt leur distance devient trop grande pour que le courant puisse continuer à passer. Dès lors, tout s'éteint, et, pour que la lumière reparaisse, il faut remettre les charbons en contact, puis les séparer de nouveau.

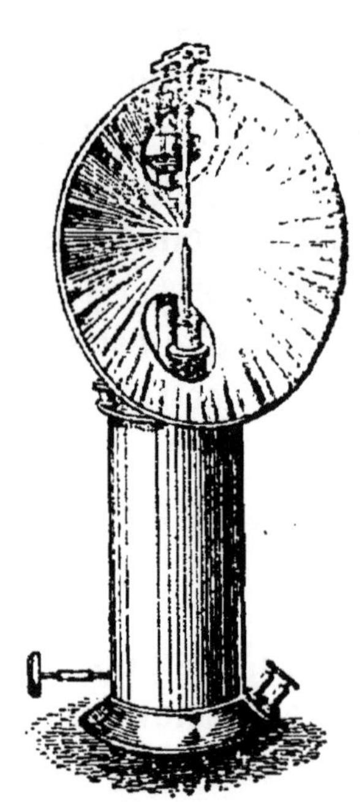

Fig. 63.
Régulateur de la lumière électrique.

Cette opération se faisait autrefois à la main, aujourd'hui on a des **régulateurs** (fig. 63).

c'est-à-dire des appareils dans lesquels le rapprochement des charbons est le résultat de l'affaiblissement même du courant, produit par l'augmentation de distance.

Les plus ingénieux sont ceux de MM. Duboscq, Serrin et surtout Foucault. Ne pouvant les décrire ici complétement, nous dirons seulement qu'un mouvement d'horlogerie et un électro-aimant font que les charbons, qui par l'usure s'éloignent l'un de l'autre dans un certain rapport, se rapprochent aussi dans le même rapport, si bien que leur distance reste constante.

Depuis l'invention des régulateurs, la lumière électrique a été employée dans les fêtes publiques, les théâtres, la photographie, pour les travaux de nuit, dans l'art de la guerre, etc., etc.

2° EFFETS CHIMIQUES.

55. Décomposition de l'eau. — En 1800, Carlisle et Nicholson remarquèrent que le courant de la pile décompose l'eau salée ou acidulée. Pour faire cette expérience, on prend un vase de verre dont le fond est traversé par deux fils ou deux lames de platine, qu'on assujettit avec du caoutchouc fondu. C'est ce qu'on appelle un **voltamètre** (fig. 64). Avec deux ou trois couples de Bunsen, la décomposition est bien manifeste.

L'oxygène se rend au *pôle positif* de la pile : il est donc **électro-négatif** ; *l'hydrogène* se rend au *pôle négatif :* donc il est **électro-positif** ; puisque ce sont les électricités de noms contraires qui s'attirent.

Le voltamètre, comme son nom l'indique, peut servir à mesurer l'intensité des courants, cette inten-

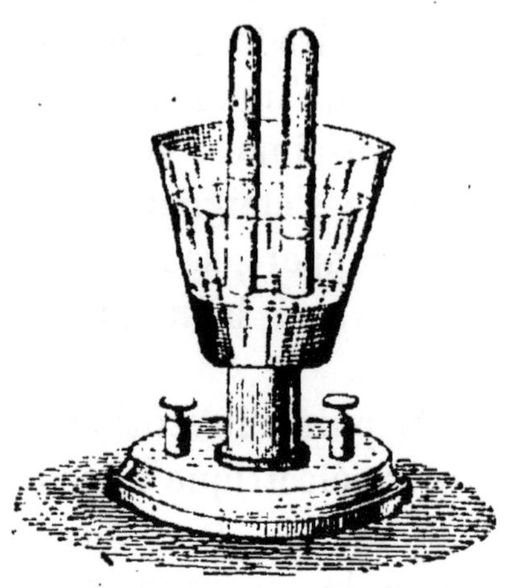

Fig. 64. — Décomposition de l'eau.

sité étant proportionnelle à la quantité de gaz produite dans un temps donné.

55 *bis*. Décomposition des sels. — Lorsque dans un tube en U (fig. 65) on verse une dissolution saline, et qu'on y fait passer le courant d'une pile suffisamment forte, on constate que *l'oxygène* et *l'acide* se rendent au *pôle positif,* tandis que le *métal* se dépose au *pôle négatif.*

C'est ainsi que les choses se passent quand

on opère avec le sulfate de cuivre, par exemple.
Mais, avec le sulfate de soude, on aurait trouvé
au pôle négatif de la *soude* et non du *sodium*,
parce que le sodium décompose l'eau pour se
combiner avec l'oxygène.

Pour faire l'expérience, on a soin d'employer
des lames de pla-
tine qui sont re-
liées aux pôles
de la pile par des
fils de platine, et
plongent dans la
dissolution saline.

Si l'on se ser-
vait d'un métal
oxydable, on ne
verrait pas l'oxy-
gène se dégager
au pôle positif,

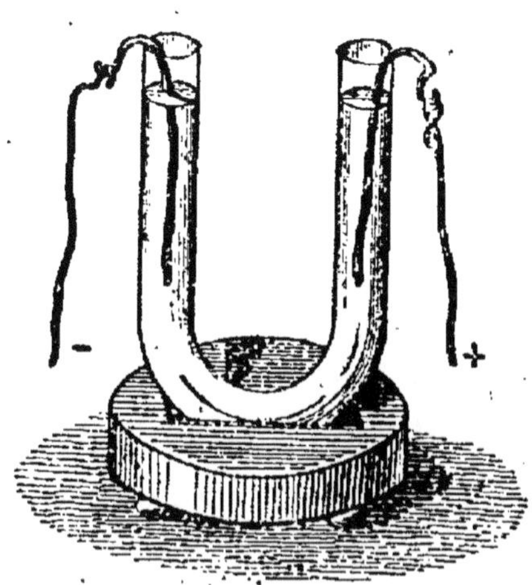

Fig. 65. — Décomposition des sels.

parce que ce gaz se combinerait immédiatement avec le métal (*actions secondaires*).

Si l'on avait fait plonger deux lames de
cuivre dans la dissolution de sulfate de cuivre,
l'oxyde de cuivre formé au pôle positif se
serait combiné avec l'acide mis en liberté, et
le cuivre du pôle positif se serait ainsi substitué
au cuivre déposé au pôle négatif.

GALVANOPLASTIE

Nous venons de voir qu'un courant électrique décompose les dissolutions salines et qu'alors le *métal* se porte au *pôle négatif*.

La galvanoplastie est basée sur cette propriété des courants, et elle se propose de déposer à la surface d'un objet quelconque une couche métallique continue, non adhérente, et reproduisant tous les détails du *modèle* (1). Pour cela, elle emploie deux sortes d'appareils : **l'appareil simple** et **l'appareil composé**.

56. **Appareil simple.** — Il consiste en une cuve de porcelaine, de grès, de verre, ou mieux de bois garnie de gutta-percha, divisée en deux par une cloison poreuse. Dans l'un des compartiments on verse une dissolution saturée de

---

(1) Voir p. suivante.

sulfate de cuivre, par exemple, dans laquelle baigne une corbeille remplie de cristaux du même sel, ce qui assure la *saturation*. Dans 'autre compartiment se trouve de l'acide sulurique étendu de 15 fois son poids d'eau, et dans lequel plonge une lame de zinc *amalgamé*.

L'objet à recouvrir, qu'on désigne sous le nom de *moule* on *modèle*, plonge dans la dissolution de sulfate de cuivre. Aussitôt qu'on le met en communication métallique avec le zinc, il y a dégagement d'électricité, et le *cuivre* du sulfate se dépose sur le *moule*.

La disposition de l'appareil simple peut varier un peu. Le plus souvent, on plonge tout simplement

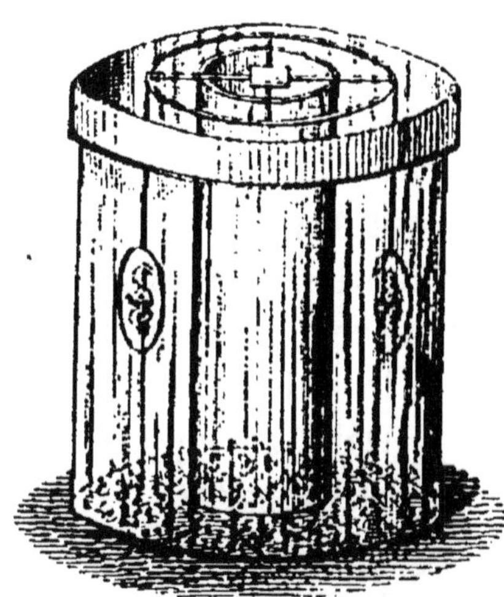

Fig. 66. — Appareil simple.

dans la dissolution de sulfate de cuivre un vase poreux contenant l'eau acidulée et le zinc que l'on fait communiquer avec le moule par un fil de cuivre (fig. 66).

Quelle que soit la disposition, on évite les

stries sur l'empreinte, en plaçant le moule horizontalement au fond de la cuve.

Quand on juge que le dépôt est assez épais, ce qui a lieu au bout de vingt-quatre à quarante-huit heures, on retire le moule, on lave à grande eau, on sèche et on détache l'empreinte. Si l'on veut donner à cette empreinte l'aspect du bronze, on l'expose aux vapeurs d'acide sulfhydrique.

Il y a d'ailleurs un moyen facile d'estimer l'épaisseur du dépôt : c'est de peser la pièce avant de la plonger dans le bain et après qu'elle y a séjourné un temps qu'on croit suffisant.

Mais les appareils simples offrent plusieurs inconvénients : le dépôt est lent à se faire, le courant va constamment en s'affaiblissant, et le mélange des deux liquides s'opère à travers la cloison. Aussi lui préfère-t-on le suivant.

57. Appareil composé. — Dans cet appareil (fig. 67), la pile et le bain sont séparés.

Les piles dont on fait usage sont celles de **Daniell** ou de **Bunsen** (un ou deux couples au plus). La disposition de la cuve varie, d'ailleurs, selon que l'on ne veut prendre qu'*une empreinte à la fois* ou qu'on veut en prendre *plusieurs*.

Observations. — Pour obtenir un dépôt cohérent, il faut :

1° Que le *courant soit faible* et *d'intensité constante;*

2° Que la *dissolution* de sulfate de cuivre soit *toujours saturée*, condition qu'on réalise à l'aide de cristaux de sulfate de cuivre plongeant dans la dissolution, ou encore avec une lame de *cuivre rouge* en communication avec le pôle

Fig. 67. — Appareil composé.

positif (électrode soluble) qui remplace le cuivre de la dissolution à mesure que celui-ci se dépose;

3° Que la dissolution soit *acide*. Aussi y ajoute-t-on 1/100 de son volume d'acide sulfurique ;

4° Que l'*électrode soluble* ne soit pas *plus grande* que le *moule*.

58. Moule. A. — Tout corps *bon conducteur de l'électricité* peut servir de *moule*, pourvu toutefois qu'*il n'ait d'action* ni sur le *métal précipité* ni sur la *dissolution*.

Les précautions à prendre dans ce cas sont :

1° D'empêcher l'*adhérence du dépôt* avec le moule. On évite cet inconvénient en *en graissant légèrement la surface*, ou en la *recouvrant de plombagine*, ou en la *lavant avec une eau alcaline*, ou en l'*exposant aux vapeurs d'iode*, ou enfin en la plongeant un instant dans une *flamme fuligineuse*.

2° De *recouvrir de cire* ou *de vernis* toutes les parties où le dépôt de cuivre ne doit pas se faire.

L'*alliage fusible* est surtout employé pour la reproduction des médailles.

On fait fondre l'alliage dans une cuiller, par exemple, et, quand on voit que l'alliage est sur le point de se solidifier, on applique la médaille dessus.

59. B. — Quand le moule est formé d'une substance *conduisant mal l'électricité*, on *métallise* sa surface avec de la plombagine qu'on étale à l'aide d'un pinceau et d'une brosse, en couche presque insensible. Mais le procédé n'est plus praticable, quand il s'agit de plantes, d'insectes, etc. ; dans ce cas, on humecte deux ou trois fois l'objet avec une *dissolution alcoolique de nitrate d'argent*, puis on expose aux vapeurs d'*acide sulfhydrique*.

Lorsque l'objet présente des *parties creuses* ou qu'il est en *ronde-bosse*, on le moule avec de la gutta-percha. Pour cela, on commence par recouvrir de plombagine l'objet que l'on veut mouler, et on applique dessus la gutta-percha, ramollie dans l'eau chaude et convenablement malaxée, en exerçant une pression assez forte, et en ayant soin d'éviter les bulles d'air. Quand la gutta-percha est refroidie, on la détache brusquement de l'objet, on la *plombagine* soigneusement et on la suspend à l'aide d'une boucle dans la dissolution saline.

Si le modèle était en *plâtre*, on le plongerait dans de la *stéarine fondue* avant de le *métalliser*.

Nous aurions à parler maintenant de l'**électrotypie** et de la **galvanographie**; mais cela nous entrainerait trop loin et nous renvoyons aux Traités spéciaux.

DORURE ET ARGENTURE

60. On commence par débarrasser la surface des objets des *matières grasses*. Pour cela, on les

chauffe au rouge sombre, on les trempe ensuite dans de l'*acide sulfurique étendu*, puis dans de l'*acide azotique*, et enfin dans un *mélange en proportions égales* d'acides sulfurique et azotique additionnés de 1/10 d'acide chlorhydrique. On lave à l'eau distillée et on sèche dans de la sciure de bois chaude. La *pièce*, ainsi préparée, est fixée au *pôle négatif* de la pile et plongée dans le bain de dorure ou d'argenture.

BAIN POUR LA DORURE.

1 partie de cyanure d'or et 10 parties de cyanure de potassium dissoutes dans 100 parties d'eau.

On opère à chaud, la température la plus convenable est celle de 70° — courant faible. — Le pôle positif est formé par une lame d'or, pour que le bain conserve une composition constante et que l'on puisse savoir quelle est la quantité d'or déposée sur l'objet.

BAIN POUR L'ARGENTURE.

1 partie de cyanure d'argent, 10 parties de cyanure de potassium dissoutes dans 100 parties d'eau.

On opère à froid, — courant faible. — Lame d'argent au pôle positif. (Appareil identique à celui de la dorure.)

OBSERVATIONS. — Les dépôts d'or et d'argent sont ternes. On les frotte d'abord avec une brosse en fils de laiton (*gratte-bosse*), puis avec le *brunissoir d'agate*, et il ne reste plus qu'à mettre en couleur au moyen d'une bouillie dont la composition est la suivante : nitre 30, alun 30, ocre rouge 30, sulfate de zinc 8, sulfate de fer 1 et sel marin 1.

Pour argenter l'acier ou le fer, il faut les recouvrir d'abord de cuivre.

Beaucoup de métaux, d'alliages, d'oxydes peuvent se déposer comme l'or ou l'argent sur des objets convenablement préparés (voir les Traités spéciaux).

ÉLECTRO-MAGNÉTISME

61. Expérience d'OErsted. — Lorsque les
deux pôles d'une pile sont réunis par un fil conducteur dirigé dans le plan du méridien magnétique, *au-dessus* d'une aiguille aimantée, le

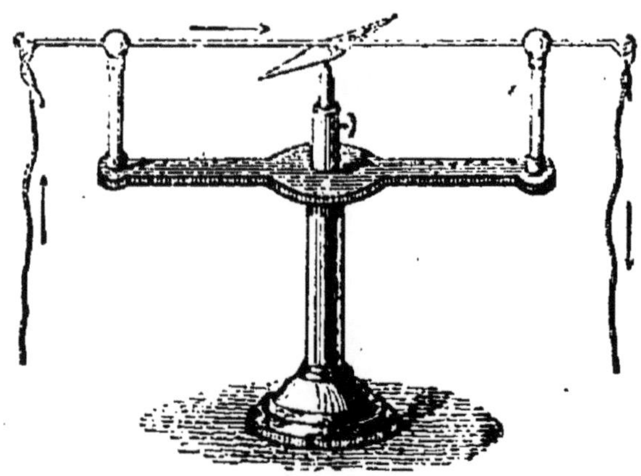

Fig. 68. — Expérience d'OErsted.

pôle austral de l'aiguille est dévié à l'est, si le
courant va du nord au sud (fig. 68), et le même

pôle serait dévié à l'ouest, si le même courant passait *au-dessous* de l'aiguille. Avec un courant inverse, on aurait des déviations respectivement inverses aussi de celles que nous avons indiquées.

RÈGLE D'AMPÈRE. — Ampère a formulé d'une manière simple et ingénieuse les diverses positions que prend dans ce cas le *pôle austral* de l'aiguille aimantée.

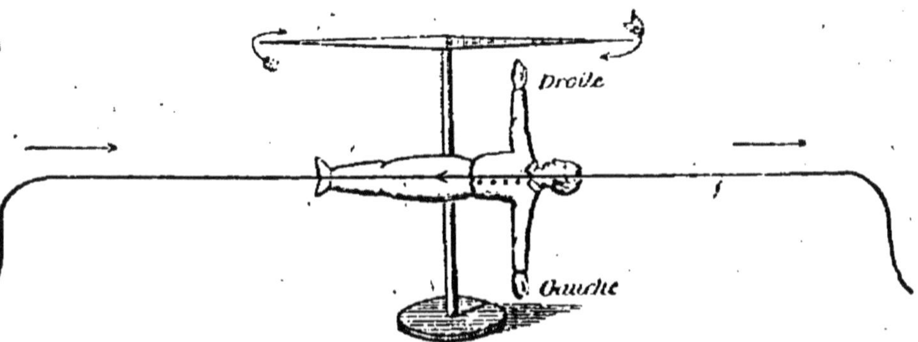

Fig. 68 *bis*. — Règle d'Ampère.

Il imagine, dans l'intérieur du fil traversé par le courant, un homme étendu de façon que le courant lui entre par les pieds et lui sorte par la tête, cet homme ayant la face tournée du côté de l'aiguille.

La droite et la gauche de l'observateur sont la droite et la gauche du courant (fig. 68 *bis*).

Cela posé, on peut dire que, toutes les fois

qu'un courant agit sur un aimant, le *pôle austral* de l'aimant est dévié *à la gauche du courant.*

62. L'expérience d'**Œrsted** et la règle d'**Ampère** nous permettent de constater tout à la fois l'*existence* et la *direction* d'un courant électrique.

On augmentera l'action exercée par le courant, en enroulant plusieurs fois le fil sur un

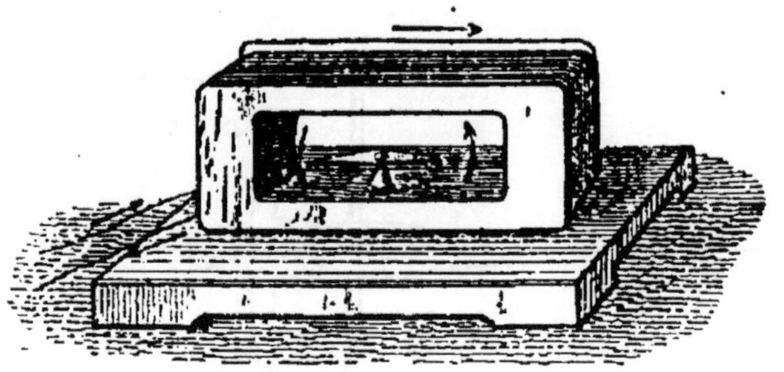

Fig. 69. — Multiplicateur de Schweigger.

cadre rectangulaire ou circulaire au milieu duquel l'aiguille aimantée se trouve suspendue (**multiplicateur de Schweigger**, fig. 69).

On peut encore accroître considérablement la sensibilité du multiplicateur, en employant deux aiguilles que l'on attache à un même fil de cuivre, de manière que *leurs axes soient parallèles et leurs pôles contraires en regard* (aiguilles astatiques).

Ce système d'aiguilles est suspendu à un fil de soie sans torsion l'une au-dessus, l'autre au dedans du cadre. Il est facile de voir, en appliquant la règle d'Ampère, que le courant exerce sur les deux aiguilles des actions concordantes, tandis

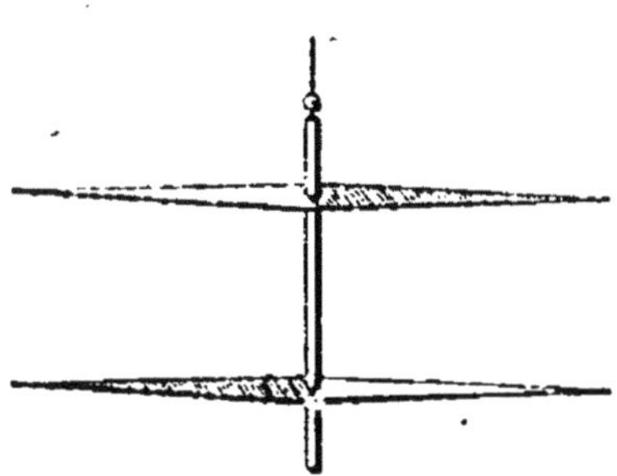

Fig. 70. — Aiguilles astatiques.

que les actions que la terre exerce sur l'une sont égales et opposées à celles qu'elle exerce sur l'autre (fig. 70).

Entre l'aiguille supérieure et le cadre rectangulaire se trouve un cadran divisé horizontal de cuivre ou de laiton.

Quand on veut faire une observation, on met l'aiguille sur le zéro en tournant convenablement le cadre : puis on fait passer le courant à travers le fil, et l'on voit immédiatement l'aiguille se dévier de sa position d'équilibre. Le *sens* et la *grandeur* de la déviation indiquent la *direction* et l'*intensité* du courant que l'on étudie (fig. 71).

63. Galvanomètre différentiel. — Cet appareil sert, comme son nom l'indique, à déterminer la **différence d'intensité** de deux courants. Pour cela, le multiplicateur est constitué non plus par un seul fil de cuivre recou-

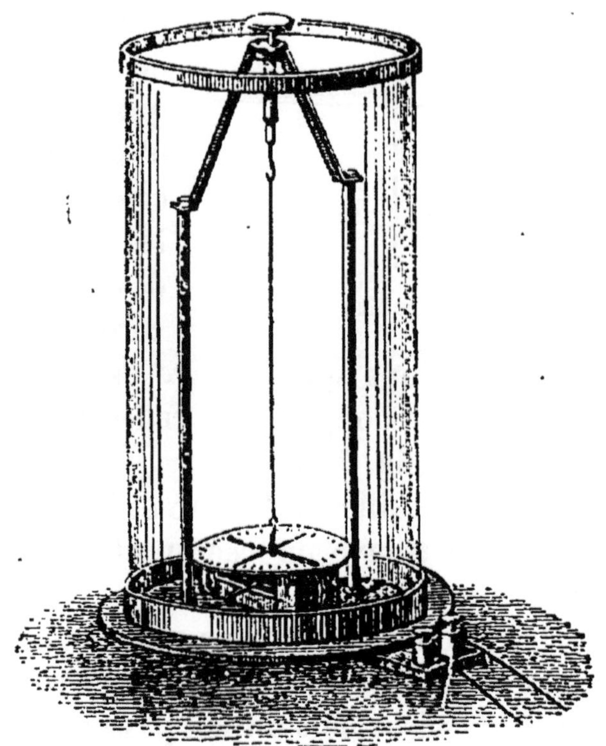

Fig. 71. — Galvanomètre.

vert de soie, mais par deux fils aussi identiques que possible.

Pour comparer deux courants, on les fait passer simultanément en *sens contraire*, l'un dans un fil, l'autre dans l'autre.

Le sens de la déviation indique quel est le *courant le plus intense,* et la *grandeur* de la déviation permet d'apprécier leur *différence* d'intensité.

THERMO-ÉLECTRICITÉ

Les courants électriques développent de la chaleur; nous en avons vu des exemples dans les **Effets de la pile.**

Réciproquement, la chaleur peut donner naissance à des courants électriques dans un circuit d'*un seul* métal, et principalement dans un circuit formé de deux ou plusieurs métaux différents.

64. Couple thermo-électrique. — On soude à leurs deux extrémités deux barreaux de *bismuth* et d'*antimoine* (fig. 72) et l'on adapte à ce système deux aiguilles à peu près astatiques, disposées comme dans le multiplicateur.

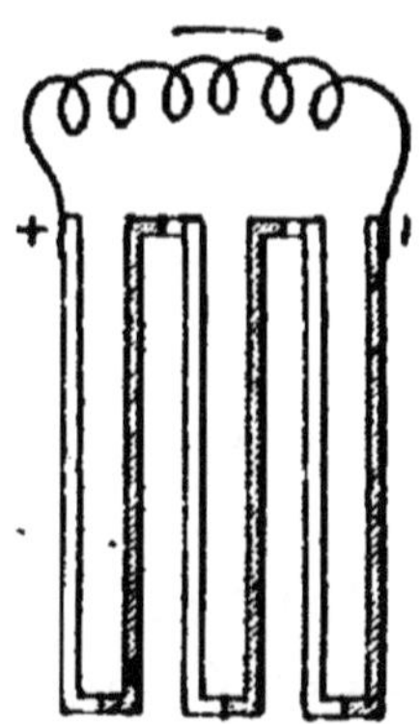
Fig. 72. — Couplés thermo-électriques.

Quand les deux soudures sont à la même température, il n'y a point de déviation, point de courant; mais une différence de température des deux soudures détermine un courant dont l'intensité varie, entre certaines limites, proportionnellement à cette différence même.

En appliquant la loi d'Ampère, on voit que le courant va de la soudure chauffée à la soudure froide, en passant par l'*antimoine*, qui est le *métal positif*, le *bismuth* étant le *métal négatif*.

On construit aujourd'hui d'excellentes piles thermo-électriques, en remplaçant le bismuth par la *pyrite de cuivre*, et l'antimoine par le *protosulfure de cuivre artificiel.*

65. Pile thermo-électrique. — La pile de Nobili (fig. 73) se compose de 25 couples (bismuth et antimoine). Les barreaux, dont la longueur est généralement de 25 millimètres, sont disposés parallèlement entre eux, parfaitement isolés, et présentent d'un côté toutes les soudures paires, et, de l'autre, toutes les soudures impaires.

Pour mettre la pile en activité, il suffit d'échauffer l'un des systèmes de soudures, après avoir mis les deux barreaux extrêmes en communication avec le fil d'un galvanomètre à fil *gros* et *court* (1); on voit l'aiguille accuser aussitôt un courant fort sensible, par l'action d'une chaleur même très-faible.

Énumérons maintenant les principales précautions à prendre pour assurer le bon fonctionnement de cet appareil :

1° On enduit de *noir de fumée* les deux faces

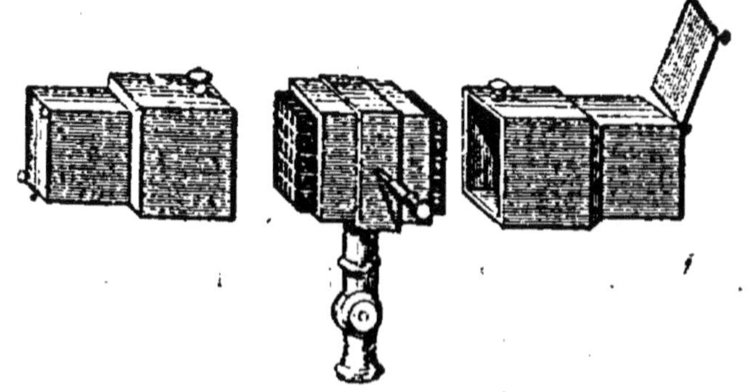

Fig. 73. — Pile thermo-électrique de Nobili.

de la pile, pour faciliter l'absorption de la chaleur ;

2° On garantit les deux faces de la pile contre tout rayonnement de chaleur autre que celui que l'on veut étudier, en les enfermant chacune dans une sorte d'*étui en cuivre*, d'environ 2 centimètres de longueur, noirci intérieurement et

(1) Voir p. 115.

muni à l'une de ses extrémités d'une sorte de porte métallique, qu'on peut ouvrir ou fermer à volonté ;

3° Enfin, quand on a affaire à une source de chaleur très-faible, on garnit la face de la pile, qui doit être soumise à son action, d'*un cône* qui a pour but de concentrer sur cette face une plus grande quantité de rayons calorifiques.

Ajoutons, pour compléter ce que nous avons à dire sur les galvanomètres, que le système des deux aiguilles est supporté par des fils de cocon qui s'attachent à un bouton à vis, ou s'enroulent sur un petit treuil, dispositions qui permettent l'une et l'autre de descendre et de faire reposer l'aiguille supérieure sur le cadre pour ne point fatiguer les fils, quand l'appareil n'est pas en expérience. Une cloche de verre préserve l'appareil des agitations de l'air.

Les déviations du galvanomètre sont proportionnelles aux intensités des courants jusqu'à 20°. Pour les déviations plus grandes, on a construit des *tables de correspondance* entre les *déviations* et les *intensités*.

Dans les expériences de *thermo-électricité* on emploie des galvanomètres à fil gros et court, tandis que, dans le cas des courants *hydro-électriques*, le multiplicateur doit être à fil fin et long, parce que, dans ce cas, la résistance du fil n'est rien comparativement à celle des autres portions du circuit.

INDUCTION

66. Les courants d'**induction** ou **induits**, sont des courants, pour ainsi dire, instantanés, qui naissent sous l'influence d'autres courants, ou d'aimants ; ces derniers portent le nom d'**inducteurs**.

On distingue les courants d'induction :

1° En courants induits **volta-électriques** ;

2° En courants induits **magnéto-électriques** ;

3° En courants induits **telluriques**.

Toutes ces qualifications se définissent d'elles-mêmes.

Le courant induit est *direct*, quand il est de *même sens* que l'*inducteur*, et *inverse*, dans le *cas contraire*.

67. Les phénomènes d'induction ont été découverts par Faraday, célèbre physicien an-

glais. Voici quelle en est la loi : *toutes les fois qu'un courant galvanique ou qu'un aimant augmente ou diminue d'intensité en présence d'une bobine ou d'une hélice, ce courant ou cet aimant détermine, dans la bobine ou dans l'hélice, un courant direct ou inverse, selon qu'il y a eu diminution ou augmentation d'intensité dans le courant ou dans l'aimant.*

Non-seulement les courants induits se développent dans un circuit distinct du circuit inducteur ; mais un courant inducteur peut encore réagir sur lui-même pour produire ce qu'on a appelé l'**extra-courant**.

Parmi les appareils fondés sur l'induction, nous parlerons d'abord de l'**appareil de Clarke** (magnéto-électrique) ; puis de la **machine** ou **bobine de Ruhmkorff** (volta-électrique), et enfin de quelques **appareils électro-médicaux.**

68. **Machine de Clarke.** — La machine de Clarke (fig. 74), se compose :

1° *D'un aimant fixe;* 2° d'un *électro-aimant mobile* ; 3° d'un *commutateur.*

L'aimant est formé de *cinq* lames d'acier en fer à cheval, fixées par des vis de cuivre à un support de bois vertical.

L'électro-aimant est mobile autour d'un axe

horizontal, mis en mouvement par une chaine sans fin, qui s'enroule sur une roue munie d'une manivelle.

Dans leur mouvement de rotation, les ex-

Fig. 74. — Machine de Clarke.

trémités libres des branches de l'électro-aimant viennent raser les surfaces polaires de l'aimant fixe, et si l'on applique la loi de Faraday que nous avons énoncée plus haut, sans oublier de tenir compte du sens de l'enroulement du fil sur les bobines, on pourra analyser facilement ce qui se passe dans l'électro pendant la rotation, et reconnaître que le *courant induit change de sens dans chaque bobine à chaque demi-révolution.*

Le *commutateur* a pour but de rendre invariable le sens du courant induit dans la portion du circuit extérieur aux bobines. A cet effet, l'extrémité de l'axe qui est en avant de la figure 75 est recouverte d'un anneau d'ivoire, corps isolant, sur lequel on a fixé deux demi-viroles de métal, dont l'une communique avec l'axe par une vis qui traverse l'ivoire, et par suite avec l'un des bouts du fil de la bobine soudé à l'axe, tandis que l'autre demi-virole est en communication métallique avec l'autre bout du fil.

Ces deux demi-viroles constituent donc en quelque sorte les pôles de l'appareil, et elles sont séparées l'une de l'autre par deux intervalles vides, qui se trouvent dans le même plan que les deux axes des bobines. Deux ressorts de fer sont fixés, à l'aide de vis, sur un parallélipipède rectangle dont les deux faces métalliques sont isolées l'une de l'autre, et ils appuient sur les deux demi-viroles avec lesquelles ils sont mis alternativement en contact, par la rotation. Grâce à cette disposition, au moment où les courants induits des bobines changent de sens, les ressorts changent aussi de viroles, et se chargent par conséquent toujours de la même espèce d'électricité, ce qui est précisément le résultat que l'on voulait obtenir.

Les courants d'induction, comme nous allons le montrer, jouissent des mêmes propriétés que les courants voltaïques ; ils possèdent une grande tension, et peuvent donner de violentes commotions.

EFFETS DE L'APPAREIL DE CLARKE

Pour produire ces effets, on emploie deux sortes de bobines : l'une à fil *gros* et *court*, quand la résistance à vaincre est faible (rougissement d'un fil de platine, inflammation de l'éther) ; l'autre à fil *fin* et *long* (effets chimiques, physiologiques), parce que, dans ce cas, la résistance à vaincre est plus ou moins considérable.

1° EFFETS PHYSIQUES.

69. Étincelle, inflammation de l'éther. — On fixe sur l'axe un anneau de fer, muni de pointes situées sur le prolongement l'une de l'autre, et l'on dispose au-dessous une capsule de métal, contenant du mercure en quantité telle que les pointes émergent, lorsque les branches de l'électro-aimant sont verticales (fig. 75). Si l'on fait alors tourner l'appareil, de vives étincelles apparaissent, çapa-

Fig. 75. — Inflammation de l'éther.

bles d'enflammer l'éther qu'on a versé à la surface du mercure.

Rougissement d'un fil. — Un fil de platine est tendu entre deux espèces de poteaux de cuivre (fig. 76), situés de part et d'autre de l'axe, et en communication métal-

Fig. 76. — Rougissement d'un fil.

lique, l'un avec le ressort R, l'autre avec le

ressort R'. Quand on se place dans l'obscurité et que l'on fait tourner la roue, on voit le fil rougir.

On montre encore assez souvent que les courants induits peuvent produire l'aimantation d'un petit électro-aimant.

2° EFFETS CHIMIQUES.

70. Décomposition de l'eau. — Les deux ressorts R et R', qui appuient sur le commutateur, sont mis en communication par des fils de

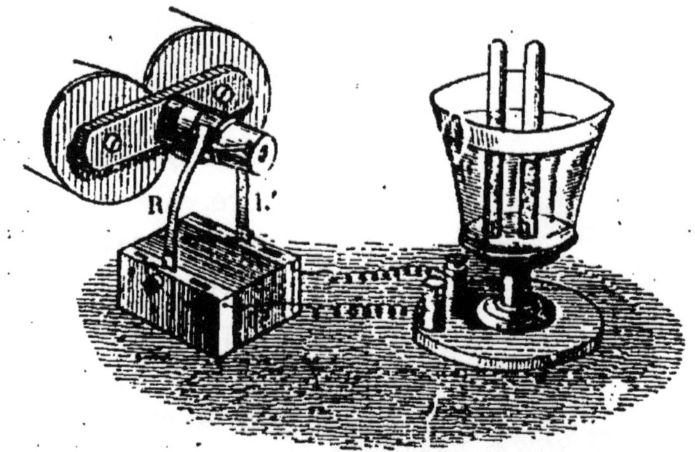

Fig 77. — Décomposition de l'eau.

cuivre isolés avec un **voltamètre** (fig. 77) contenant de l'eau acidulée.

Quand on met la roue en mouvement, on

voit des bulles d'*oxygène* se dégager au *pôle positif*, et des bulles d'*hydrogène* au *pôle négatif*.

On peut recueillir les gaz dans deux petites éprouvettes graduées, et constater ainsi que l'eau est formée de 1 volume d'oxygène et de 2 volumes d'hydrogène.

3° EFFETS PHYSIOLOGIQUES.

71. Ces effets, qui sont les plus intéressants, ont une intensité d'autant plus grande que les bobines sont elles-mêmes plus résistantes. On en augmente encore l'énergie, en recueillant l'extra-courant.

On emploie, pour cela, ce qu'on appelle l'**interrupteur**, auquel on peut donner différentes formes ; mais qui est constitué le plus souvent par un prolongement métallique d'une des demi-viroles, et par un troisième ressort en tout pareil aux deux premiers.

Les choses sont disposées de façon que l'interruption a lieu quand les branches de l'électro-aimant sont verticales, c'est-à-dire au moment où les courants induits atteignent leur plus grande intensité.

Actuellement, si l'on prend les poignées reliées à l'appareil, comme le représente la fi-

gure 74, on éprouve une espèce d'engourdisse-
ment, accompagné de contractions musculaires
insupportables, qui empêchent de lâcher les
poignées.

Pour avoir le maximum d'effet, il faut hu-
mecter les mains d'*eau salée* où *acidulée*, ce qui
rend l'épiderme plus conducteur, et faire tourner la roue avec une vitesse assez grande, mais
qui ne doit pas dépasser certaines limites, au
delà desquelles les effets diminueraient, au lieu
d'augmenter.

Ces commotions peuvent être ressenties par
plusieurs personnes *formant la chaîne*, comme
dans le cas de la bouteille de Leyde.

72. Machine de Ruhmkorff. — La machine de **Ruhmkorff** (fig. 78) se compose :

1° D'un *faisceau de fils de fer doux*, entouré
d'une bobine à fil gros et court ; c'est la *bobine
inductrice* ;

2° D'une *bobine extérieure à fil fin* et *très-long*,
dont toutes les spires sont parfaitement isolées :
c'est la *bobine induite* ; elle est séparée de la
première par un cylindre de carton, de verre,
ou de caoutchouc durci.

Interrupteur. — Pour faire arriver une série de courants interrompus dans le fil inducteur, et déterminer par suite, dans la bobine

extérieure, une série correspondante de courants inverses et directs, on emploie un *interrupteur* (fig. 79 et 79 *bis*), qui rappelle le trembleur des sonneries électriques, et qui ressemble à un marteau, dont la tête est en fer et la base en platine.

Ce marteau repose sur une sorte d'enclume,

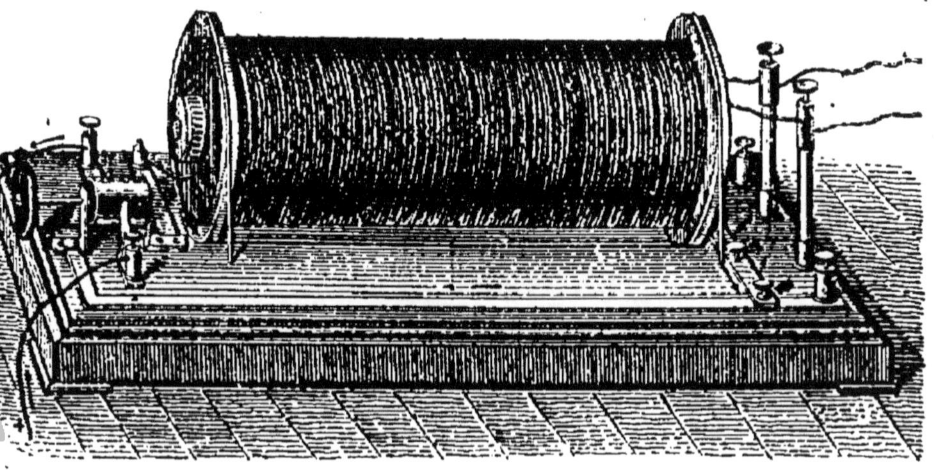

Fig. 78. — Machine de Ruhmkorff.

garnie de platine également, et il est en communication avec l'un des bouts du gros fil de la bobine inductrice.

Cela posé, faisons communiquer l'enclume avec l'un des pôles d'une pile, et mettons l'autre pôle de la pile en communication avec l'autre bout du fil de la bobine intérieure.

Le faisceau de fils de fer va s'aimanter, et soulever le marteau jusqu'au contact ; mais, alors, le courant sera interrompu, et le marteau, cessant d'être attiré, retombera pour remonter aussitôt, puis redescendre, et les mêmes phénomènes se reproduiront alternativement, aussi

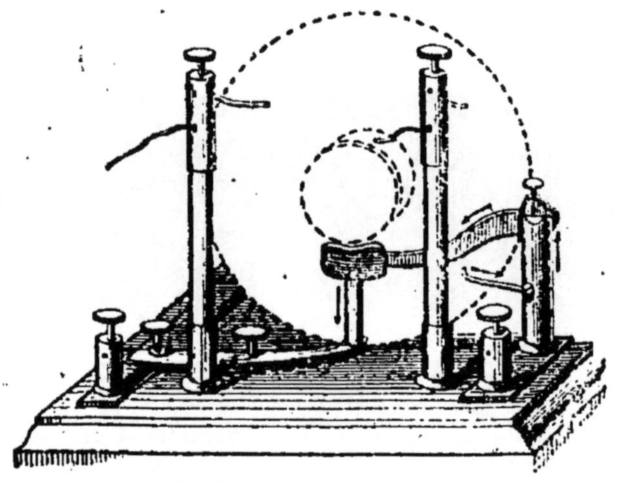

Fig. 79. — Interrupteur.

longtemps que les deux pôles de la pile resteront en communication avec l'appareil.

Lorsqu'on observe ce mouvement de va-et-vient du marteau, on voit une étincelle jaillir entre l'enclume et le marteau, toutes les fois que ce dernier est soulevé : c'est l'*extra-courant*, qui tend à affaiblir le courant induit. On a remédié, en grande partie du moins, à cet inconvénient, en disposant dans le pied de l'appareil un *condensateur* à grande surface (taffetas

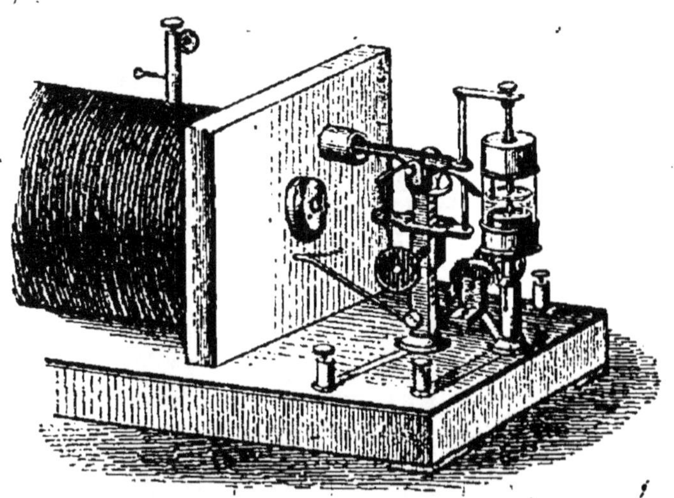

Fig. 79 *bis.* — Interrupteur.

et lame d'étain), destiné à recueillir l'extra-courant.

Commutateur. — Enfin un *commutateur* permet d'interrompre le courant de la pile ou de le lancer dans la bobine intérieure, alternativement dans un sens ou dans l'autre.

Le *commutateur* (fig. 80) consiste le plus souvent en un cylindre de caoutchouc durci, dont les bases sont traversées par deux tourillons de cuivre, qui pénètrent d'un centimètre et demi environ dans la masse du cylindre, et reposent

sur deux coussinets isolants. Chacun·de ces
tourillons reste toujours en communication
avec la même extrémité du fil de la bobine intérieure. Deux plaques de cuivre, plus épaisses
au milieu que sur les bords, sont fixées parallèlement de part et d'autre du cylindre isolant,

Fig. 80. — Commutateur.

et laissent entre elles un espace vide ; l'une de
ces plaques communique, à l'aide d'une vis,
avec l'un des tourillons, l'autre plaque avec
l'autre tourillon.

Deux ressorts de cuivre, en communication
avec les deux pôles de la pile, appuient constamment contre le cylindre.

Quand ils touchent la partie isolante du cy-lindre, dans l'intervalle des deux plaques de cuivre, le courant ne passe pas. Le courant passe, au contraire, quand les ressorts appuient sur les plaques de cuivre, et il va dans un sens ou dans l'autre, suivant que c'est l'une ou l'autre de celles-ci qui communique avec le pôle positif de la pile. On change le sens du courant en faisant tourner le cylindre de 180°, au moyen d'un bouton isolé.

EFFETS DE LA MACHINE DE RUHMKORFF

73. Table à expériences. — Pour montrer

Fig. 81. — Table à expériences.

certains effets physiques de la bobine de Ruhm-korff, tels que le rougissement ou la fusion des fils métalliques, il est commode d'employer la disposition suivante (fig. 81), à laquelle on donne quelquefois le nom de **table à expériences.**

Elle se compose d'un socle de bois sur lequel sont fixées verticalement deux colonnes de métal, terminées à leur partie supérieure par deux coulisses horizontales. Dans ces coulisses peu-

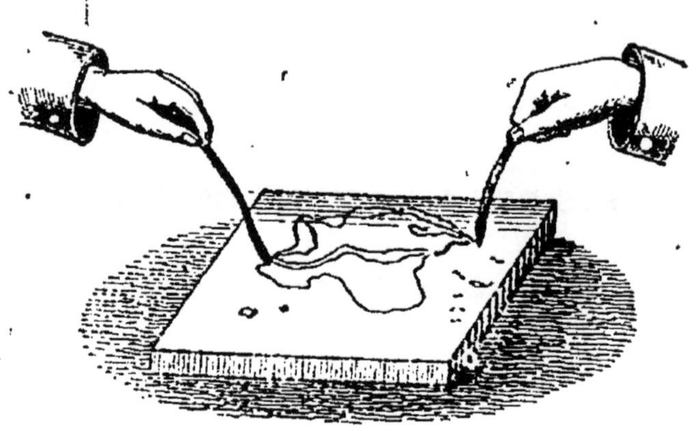

Fig. 82. — Allongement de l'étincelle.

vent glisser deux tiges de cuivre, munies à l'une de leurs extrémités d'une poignée isolante, et, à l'autre, d'une pince destinée à fixer les objets sur lesquels on veut expérimenter. Les deux fils induits de la bobine se fixent, à l'aide de vis de pression, dans des ouvertures pratiquées au bas des colonnes verticales. Enfin, au milieu de l'appareil se trouve une petite table en caoutchouc durci, dont nous allons voir immédiatement l'usage.

Allongement de l'étincelle. — Si l'on répand sur cette table un peu de limaille (fer ou cuivre), et qu'on mette les extrémités du fil entre lesquelles jaillit l'étincelle, en communication avec ce corps conducteur, on verra

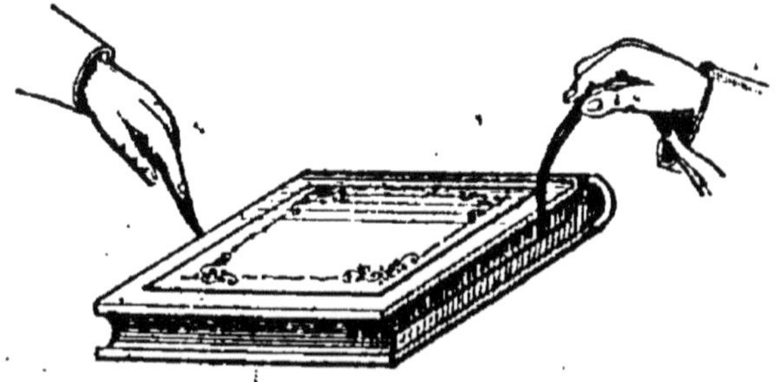

Fig. 82 *bis.*

(fig. 82) l'étincelle s'éparpiller en quelque sorte et produire des effets assez curieux.

Effets produits par une ou deux lames de verre. — Lorsque, sur la table à expériences, ou sur un appareil spécial, on place verticalement une lame de verre dans l'intervalle des points où l'on excite l'étincelle d'induction (fig. 82 *bis*), l'électricité contourne la lame, ou la transperce, quand celle-ci est suffisamment mince. Dans le premier cas, la lame s'illumine complétement, et c'est toujours ce qui arrive lorsqu'on colle une bande d'étain sur l'une des faces de la lame de verre.

Si, au lieu d'une seule lame de verre ainsi

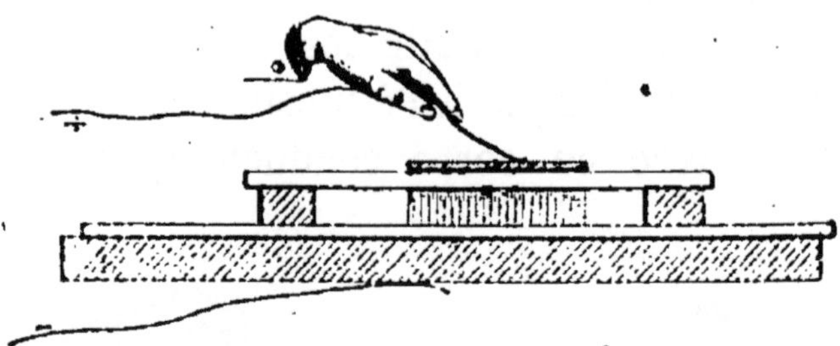

Fig. 83. — Expérience des deux lames de verre.

disposée, on en met deux pareilles (fig. 83 et 83 *bis*), à une petite distance l'une de l'autre, le phénomène se trouve amplifié ; il s'accroît de tout l'effet dû à ce véritable condensateur.

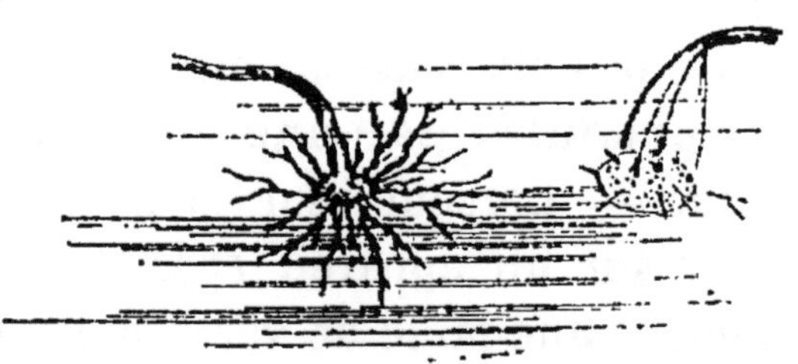

Fig. 83 *bis*.

74. Commotions. — Quand la machine est en activité, si l'on touche le fil induit extérieur, on éprouve une commotion très-violente, qui pourrait même être dangereuse avec un appareil un peu grand.

Nous croyons pouvoir décrire ici les deux expériences suivantes, désignées sous le nom de verre d'eau et de barreau magiques.

Verre d'eau magique. — On prend un verre, on le remplit d'eau à moitié, et on y

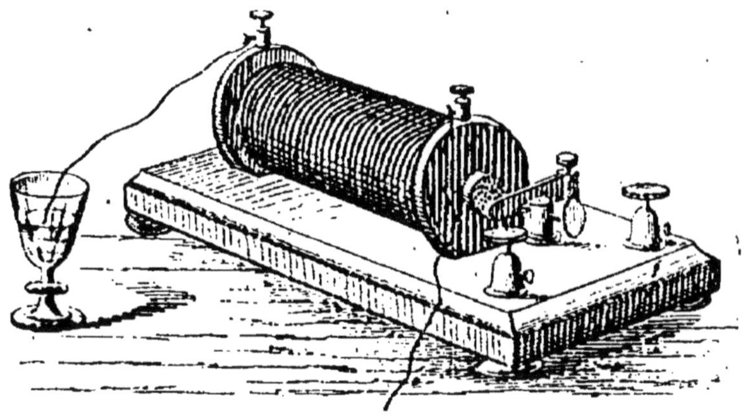

Fig. 84. — Verre d'eau magique.

plonge l'une des extrémités du fil induit, celle, par exemple, qui donne une étincelle à l'approche du doigt (fig. 84). Tant que l'autre extrémité du fil induit reste isolée, on peut impunément toucher le liquide, on n'éprouve aucune commotion. Mais si cette dernière est en communication plus ou moins parfaite avec le sol, on éprouvera, à chaque fois que l'on plon-

gera le doigt dans l'eau, une secousse plus ou
moins forte, mais évidemment toujours inférieure en intensité à celle qu'on ressentirait si
l'on tenait immédiatement à la main les deux
extrémités du fil de la bobine.

Barreau de fer magique. — Tout ce que
nous venons de dire du verre d'eau s'applique
mot pour mot au barreau magique.

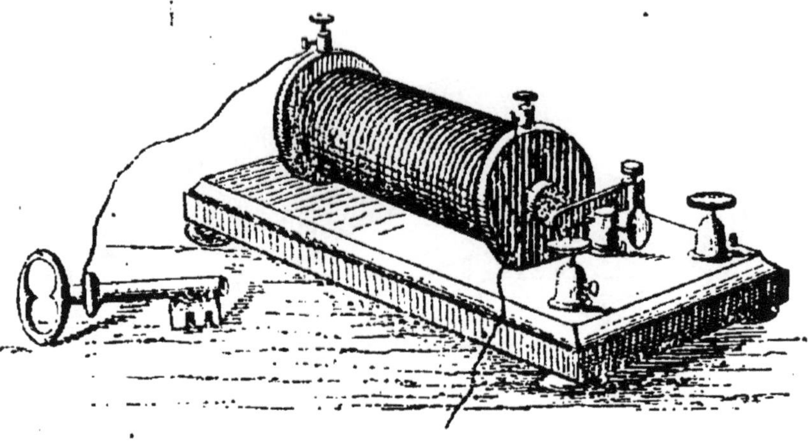

Fig. 85. — Barre de fer magique.

Aussi, pour donner à cette expérience un
cachet d'originalité qui lui manquerait peut-
être sans cela, on la dispose d'ordinaire comme
celle que nous avons mentionnée à propos du
carreau fulminant. On place (fig. 85) une pièce
de monnaie sur le barreau et l'on met ensuite
celui-ci en communication avec les deux extré-

mités du fil de la bobine. Si alors on essaye d'enlever la pièce de monnaie, la commotion qu'on éprouve, dès qu'on la touche, fait lâcher prise, et rend la chose impossible.

75. Étincelles. — Les courants **induits inverses ont la même intensité** que les courants **induits directs**, mais **ils n'ont pas la même tension.** On le prouve de la manière

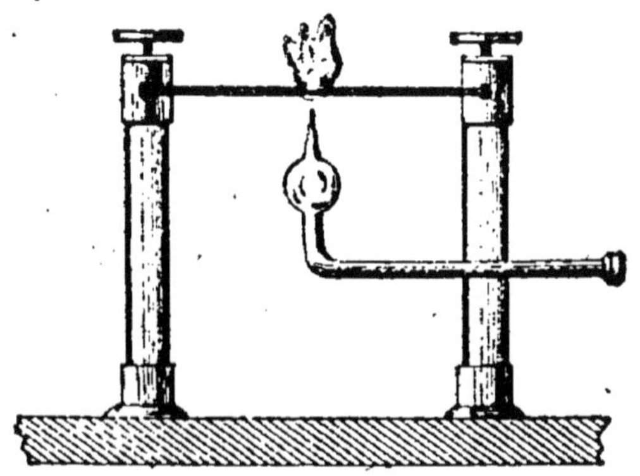

Fig. 86. — Composition de l'étincelle.

suivante : quand les points entre lesquels on fait jaillir les étincelles sont très-rapprochés, on voit une étincelle à la fermeture comme à l'ouverture du courant voltaïque, c'est-à-dire que les *induits inverses* passent comme les *induits directs*. Si l'on écarte progressivement ces points, on atteint bientôt une limite d'écart au delà de laquelle les *induits directs* passent seuls.

76. L'étincelle se compose de deux parties : **l'auréole** et le **trait de feu**, qu'on peut séparer l'une de l'autre en soufflant sur l'étincelle : l'auréole est rejetée de côté (fig. 86).

Ces deux parties de l'étincelle jouissent de propriétés spéciales, sur lesquelles nous n'insisterons pas ici.

77. La longueur de l'étincelle varie naturellement avec la puissance de la machine. Elle est **blanche** dans l'air et dans l'oxygène, avec une légère teinte bleue ; **rouge** dans l'hydrogène ; **bleue** dans l'azote ; **verte** dans l'acide carbonique. Mais c'est surtout dans les gaz raréfiés que *l'aspect de l'étincelle* est remarquable.

Lorsque nous avons traité de la lumière électrique dans le vide, nous avons décrit l'**œuf électrique**. Reprenons maintenant cet appareil (fig. 87), faisons le vide le mieux possible

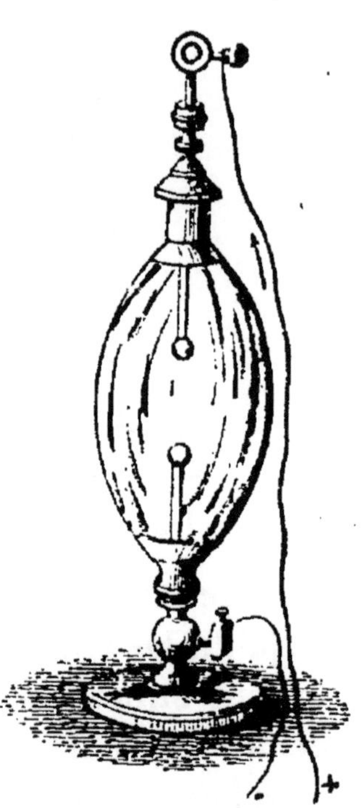

Fig. 87.
Étincelle dans le vide.

8.

dans son intérieur et mettons ses deux garnitures métalliques en communication avec les deux fils induits de la bobine de Ruhmkorff. De la boule positive nous verrons s'élancer une gerbe lumineuse, qui occupe une grande partie de l'œuf, mais qui n'atteint jamais la boule négative, où s'observent trois couches d'une lumière violette séparée de la gerbe lumineuse par un espace obscur.

Tel est l'aspect du phénomène dans l'air très-raréfié.

Mais lorsque; avant d'enlever l'air de l'appareil, on y introduit un liquide, tel que l'alcool, le sulfure de carbone, etc., etc., alors, quand le vide est fait, la gerbe, au lieu d'être continue comme tout à l'heure, se divise en de nombreuses bandes horizontales, alternativement brillantes et obscures, disposition à laquelle on a donné le nom de **stratification** de la umière électrique.

Hâtons-nous d'ajouter que l'éclat de ce dernier phénomène s'accroît beaucoup, lorsqu'on remplace, pour les produire, l'œuf électrique par des tubes très-variés de forme, présentant des parties renflées et des étranglements successifs, et qui portent le nom de **tubes de Geissler**.

78. Tubes de Geissler. — M. Geissler, ar-
tiste de Bonn, est le premier qui ait construit
des tubes dans lesquels différents gaz sont très-
raréfiés, et qui reçoi-
vent le courant d'in-
duction au moyen de
fils de platine sou-
dés à chaque ex-
trémité fermée du
tube.

Ces tubes (fig. 88),
qui affectent des for-
mes très-variées, por-
tent des ampoules de
distance en distance,
et les **strates** sont
d'autant plus brillan-
tes que les tubes
sont eux-mêmes plus
étroits. On augmente
encore l'éclat du phé-
nomène, en utilisant
la fluorescence de

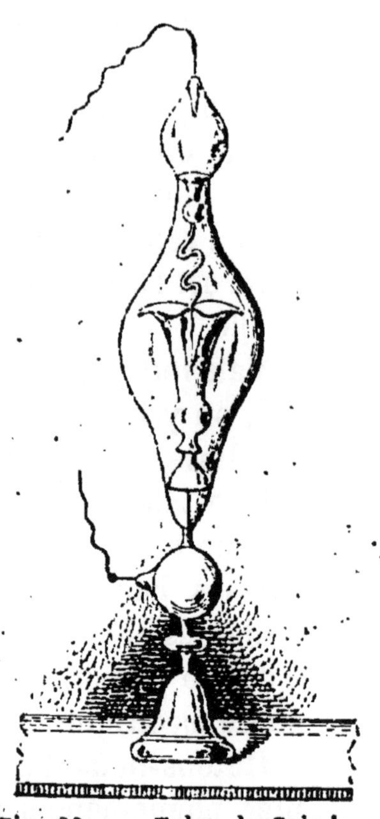

Fig. 88. — Tubes de Geissler.

certains verres, du verre **d'urane**, par exemple.

79. Tubes de Geissler tournants. — L'aspect, déjà si remarquable des tubes, que nous
venons de décrire, devient beaucoup plus éton-

nant encore, lorsque, tout illuminés par l'étincelle électrique, ils reçoivent un mouvement convenable de rotation et que, de plus, pendant la durée d'une révolution complète, on inter-

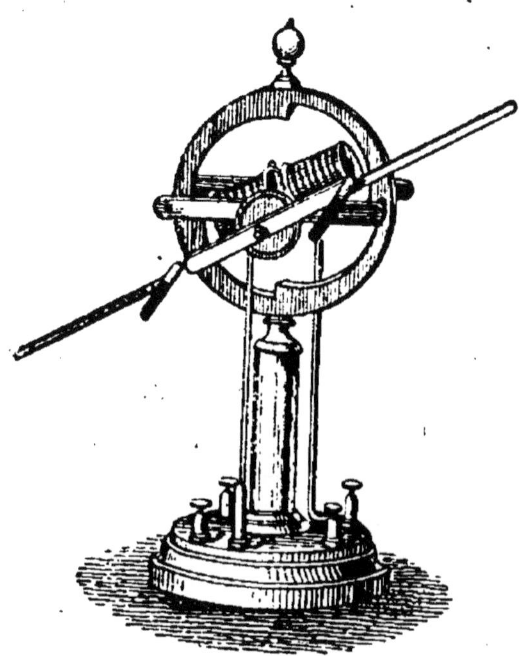

Fig. 89. — Moteur électrique pour tubes de Geissler tournants.

vertit plusieurs fois le sens du courant électrique. Dans ces conditions, grâce à la persistance des impressions sur la rétine, on voit comme un cercle de feu, sillonné de traits éblouissants et multicolores, dont la teinte change à chaque instant, et dans lequel l'étincelle affecte, pour ainsi dire, de se jouer le plus capricieusement du monde.

Le mouvement de rotation de ces tubes peut s'obtenir de plusieurs manières, soit au moyen de l'électro-moteur de Froment modifié (fig. 89), soit à l'aide de l'appareil de Bourbouze (fig. 53). Dans l'un comme dans l'autre cas, l'axe de rotation prolongé porte un commutateur, et l'autre extrémité est disposée de telle façon qu'on peut y adapter facilement les tubes dont il s'agit.

Un coup d'œil jeté sur les figures fera immédiatement comprendre le mécanisme et le fonctionnement de ces appareils.

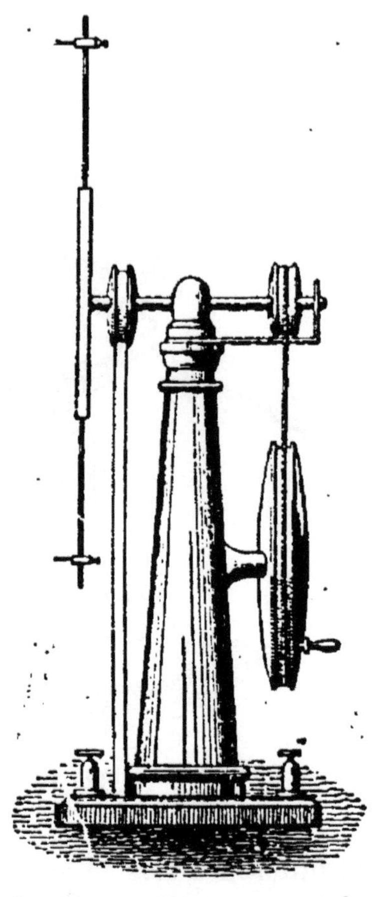

Fig. 90. — Moteur pour tubes de Geissler tournant à la main.

Quand on n'a pas d'électro-moteur à sa disposition, on y supplée par un mécanisme des plus simples (fig. 90), qu'on fait mouvoir à la main.

FLUORESCENCE.

On a donné ce nom à un phénomène lumineux observé d'abord avec le **spath fluor**, et qui est surtout sensible dans les substances composées de **fluorures** et de *sulfures* métalliques, comme aussi dans le verre d'**urane**.

80. La **fluorescence** consiste en ce que les substances, dont nous venons de parler, deviennent lumineuses pendant un certain temps dans l'obscurité, après avoir été soumises à l'action de la lumière solaire ou de l'électricité.

La couleur varie avec la substance employée; elle est **verte** avec le *sulfure de strontium*; **rouge-orange** avec le *sulfure de baryum*; **jaune-serin** avec un *un mélange de sulfure de strontium et de baryum*, etc.

81. **Charge d'une bouteille de Leyde.** — Pour charger une bouteille de Leyde ou une batterie avec la machine de Ruhmkorff, on met l'une des extrémités du fil induit en communication avec l'armature intérieure de la bou-

teille, et l'autre bout du fil induit avec l'armature extérieure (fig. 91).

Puis, avec l'*excitateur universel*, on s'arrange de façon que les *induits directs* passent seuls.

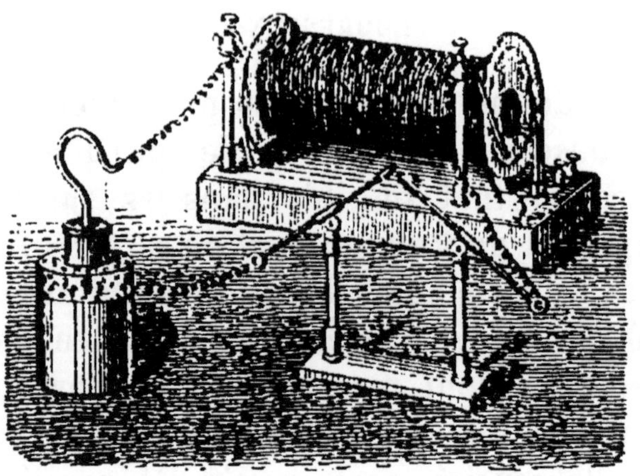

Fig. 91. — Charge d'une bouteille de Leyde.

Il suffit pour cela d'écarter convenablement les pointes, ainsi que nous l'avons expliqué plus haut.

FUSÉE DE STATEHAM.

Pour donner une idée de la manière dont la machine de Ruhmkorff peut être employée à enflammer les *fourneaux de mine*, on fait encore l'expérience de la **fusée de Stateham**.

Réduite à son dernier degré de simplicité,

cette fusée se compose (fig. 92) d'un fil de cuivre recouvert de gutta-percha, sur une partie
duquel on a enlevé une petite portion de gutta

Fig. 92. — Fusée de Statcham.

et que l'on a coupé en deux. Si l'on verse une
certaine quantité de poudre sur les extrémités
un peu écartées de ce fil, on la voit s'enflammer
au moment du passage de l'étincelle.

Fig. 92 bis. — Décomposition de l'eau.

Il y a encore beaucoup d'appareils qui permettent de faire avec la bobine de Ruhmkorff
bien des expériences que nous ne pouvons pas

décrire ici, telles que le perce-verre, la décomposition de l'eau (fig. 92 *bis*), etc., etc.

82. Appareils électro-médicaux. — Les courants d'induction ont trouvé une heureuse application dans le traitement de certaines maladies, telles que les *affections nerveuses* et les *paralysies locales*. Médecins et constructeurs ont beaucoup varié la forme des appareils actuellement en usage ; mais ce sont toujours, en définitive, ou des appareils *volta-électriques* ou

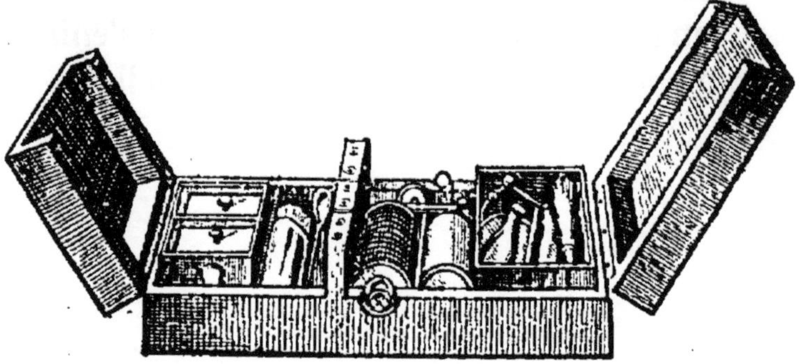

Fig. 93. — Appareil volta-électrique.

des appareils *magnéto-électriques*, et, par suite, la théorie en est la même que celle de la machine de Ruhmkorff ou de l'appareil de Clarke.

83. 1° Dans les **appareils médicaux volta-électriques**, on emploie généralement une pile à sulfate de mercure, parce que ce sont les

plus commodes (fig. 93), vu qu'elles ne laissent point dégager de gaz.

Pour graduer les commotions, on recouvre chaque bobine d'un manchon de laiton. Les commotions sont très-faibles quand les bobines sont presque totalement recouvertes de leur manchon; elles sont au maximum, lorsque les manchons sont enlevés.

84. 2° **Appareils médicaux magnéto-**

Fig. 94. — Appareil magnéto-électrique.

électriques. Un aimant en fer à cheval (fig. 94) est entouré d'un fil de cuivre isolé.

Ce fil est destiné à recueillir le courant induit que détermine la rotation très-rapide d'un barreau de fer doux, ou quelquefois d'un électro-aimant, en face des pôles de l'aimant.

On règle l'intensité des commotions de deux manières : en écartant l'aimant à l'aide d'une vis, ou en appliquant une tige de fer doux contre les pôles de l'aimant ; souvent encore, il y a deux fils induits : l'un *gros* et *court* pour les commotions *faibles* ; l'autre *fin* et *long* pour les commotions *plus fortes*.

Quelquefois, pour distraire le *patient*, et juger en même temps de la constance et aussi de l'intensité du courant, on adjoint à l'appareil une *sirène magnéto-électrique*.

Le son que rend cette sirène est produit par le mouvement de va-et-vient plus ou moins rapide d'une plaque de fer doux, qui joue en outre dans l'appareil le même rôle que l'interrupteur dans la bobine de Ruhmkorff.

Une vis de rappel permet de régler la course de cette lame, et par suite la hauteur du son.

Il va sans dire que, pour recevoir les commotions, il n'y a qu'à prendre avec les mains les deux poignées mises en communication avec les deux extrémités du fil induit.

APPENDICE

---

85. Quand il s'est agi des **effets de l'électricité,** nous avons décrit quelques expériences très-curieuses, mais qui ne peuvent se faire que dans le vide ou dans un air très-raréfié.

Cette considération nous a déterminés à donner en quelques mots la théorie d'une machine, dite **machine pneumatique,** qui permet de réaliser ces conditions.

Dans son plus grand état de simplicité, cette machine (fig. 95) se compose d'un cylindre de verre ou de métal, appelé *corps de pompe*; dans ce cylindre peut se mouvoir un *piston* muni d'une *soupape* qui s'ouvre de bas en haut. A l'extrémité inférieure du corps de pompe se trouve aussi une soupape s'ouvrant dans le même sens que celle du piston, et qui établit ou intercepte la communication du corps de pompe avec un tuyau assez étroit qu'on nomme *tuyau d'aspiration*. Ce tuyau, deux fois recourbé, va déboucher au centre d'un plateau de verre horizontal, parfaitement dressé, où il se termine par un pas de vis. C'est sur ce plateau ou sur ce pas de vis qu'on dispose les *récipients* dans lesquels on veut faire le vide.

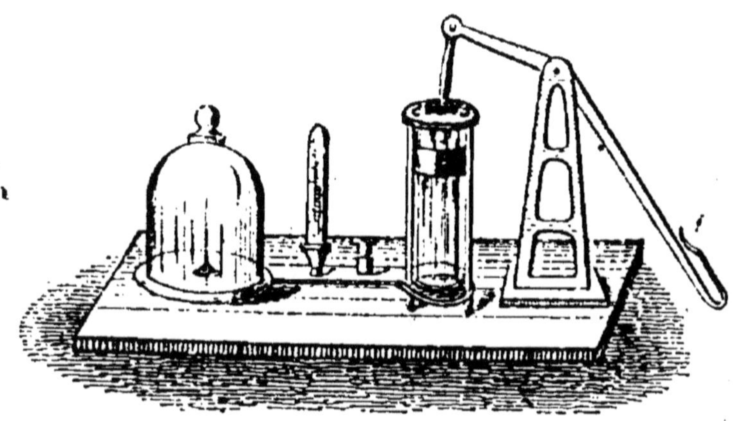

Fig. 95. — Machine pneumatique.

Le fonctionnement de cette machine est facile à comprendre.

Supposons d'abord le piston tout au bas du corps de pompe et soulevons-le; sa soupape restera fermée, le vide tendra à se faire au-dessous de lui. Mais alors l'élasticité de l'air contenu dans le récipient soulèvera la soupape du tuyau d'aspiration, et cet air se répandra en partie dans le corps de pompe. Quand le piston cessera de monter, l'air cessera de se détendre ; son élasticité sera la même dans le récipient que dans le corps de pompe, et la soupape inférieure retombera en vertu de son poids.

Abaissons maintenant le piston, l'air emprisonné au-dessous de lui se comprimera de plus en plus et forcera bientôt la soupape du piston de s'ouvrir ; ce qui lui permettra de s'échapper *à peu près* en totalité, quand le piston sera revenu à sa position initiale.

On conçoit donc qu'en soulevant et en abaissant alternativement le piston un nombre suffisant de fois, nous parviendrons à raréfier de plus en plus l'air du récipient, sans toutefois arriver jamais au vide absolu, puisque à chaque coup il n'y a qu'une fraction de l'air d'expulsée.

Il existe des machines pneumatiques très-simples et qui permettent de faire facilement toutes les expériences déjà mentionnées, et aussi celles que nous croyons devoir placer et décrire dans cet Appendice.

86. Pluie de mercure. — Cette expérience a pour but de démontrer la porosité des corps : bois, cuir, etc., etc.

Fig. 96.
Pluie
de mercure.

Un tube de verre cylindrique (fig. 96), de hauteur variable, a ses deux extrémités mastiquées dans deux montures métalliques. L'inférieure, traversée par un canal, se termine par un écrou destiné à fixer le tube au centre du plateau de la machine pneumatique, tandis que la partie qui débouche dans le cylindre est effilée et recourbée de manière à empêcher le mercure de pénétrer, en tombant, dans le tuyau d'aspiration de la machine.

La monture supérieure se compose de deux parties qui peuvent se visser l'une sur l'autre et dont l'ensemble forme une sorte de coupe. Le fond de la coupe est constitué, tantôt par un disque de bois, tantôt par une peau de daim, etc., que les deux portions de la virole, en agissant comme un étau circulaire, maintiennent solidement fixés.

Supposons maintenant le cylindre adapté à la machine pneumatique, et versons du mercure dans la coupe. Tant que nous ne ferons pas jouer la machine, tout le mercure restera dans la coupe ; mais, si nous donnons quelques coups de piston, la pression atmosphérique, qui s'exerce à la surface du liquide, le fera d'abord pénétrer dans les pores du bois, du cuir, etc., et bientôt nous le verrons tomber dans le cylindre en offrant l'aspect d'une pluie très-fine.

87. Tube de Newton. — Cet appareil sert à prouver que tous les corps tombent dans le vide avec la même vitesse.

Il se compose d'un large tube de verre (fig. 97) ayant de 1 mètre à 1^m,50 de longueur, fermé à ses deux extrémités par des montures métalliques. L'une de ces montures porte un robinet, et se termine par un écrou qui permet de la visser au milieu du plateau de la machine pneumatique.

Ce tube contient des corps de poids spécifiques très-différents : des balles de plomb, de liége, de papier, etc., etc. On commence par faire le vide dans l'appareil, puis on ferme le robinet et l'on dévisse l'appareil. Si alors on retourne brusquement le tube, on constate que tous les

Fig. 97.
Tube
de
Newton.

9.

corps arrivent au fond au même instant. Recommence-t-on l'expérience après avoir laissé rentrer un peu d'air dans le tube, on voit les corps les plus légers rester en arrière, et enfin, quand l'intérieur du tube est en communication avec l'atmosphère, on constate que tous ces corps tombent dans des temps très-inégaux, parce que l'air leur oppose une résistance très-inégale.

88. L'atmosphère exerce une pression considérable sur tous les corps qui se trouvent en contact avec elle ; on le prouve de bien des manières. Nous décrirons seulement les trois expériences suivantes qui reposent sur cette propriété de l'air, et vérifient en même temps notre assertion.

1° **Crève-vessie.** — Ce n'est autre chose qu'un cylindre de verre assez épais (fig. 98), d'environ 15 centimètres de diamètre, fermé à l'une de ses extrémités par une vessie bien tendue, tandis que son autre extrémité, dont les bords sont usés à l'émeri, peut s'appliquer bords sont usés à l'émeri, peut s'appliquer

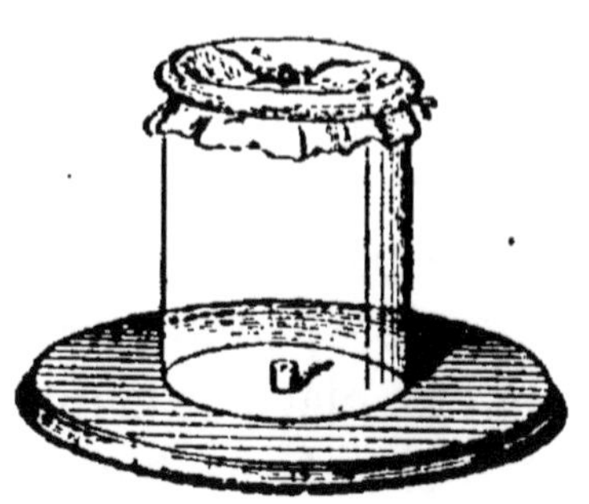

Fig. 98. — Crève-vessie.

exactement, au moyen d'un peu de suif, sur le plateau de la machine pneumatique. Lorsqu'on fait le vide dans l'intérieur du cylindre, on voit la vessie, qui était plane avant la raréfaction, se creuser de plus en plus, et finir par *crever*, avec un bruit comparable à celui d'un coup de pistolet.

Avant de fixer la vessie sur le cylindre, on la laisse un certain temps immergée dans l'eau pour l'assouplir, la ramollir. Cela fait, un aide dispose la vessie sur le cylindre, en l'étirant, et la maintient bien tendue; pendant que l'expérimentateur la serre fortement dans la gorge que porte le cylindre à sa partie supérieure, avec une ficelle enduite de cire.

89. 2° **Coupe-pomme**. — C'est l'expérience précédente sous une autre forme.

Un cylindre de verre (fig. 99), muni à sa partie supérieure d'un ajutage de cuivre qui se termine par un orifice à bord tranchant, d'un diamètre moindre que celui d'une pomme ordinaire, a été travaillé à sa partie inférieure, de manière à pouvoir se disposer, comme celui du crève-vessie, sur le plan de glace de la machine pneumatique. Si tout d'abord on bouche cet orifice en y enfonçant une pomme et qu'on fasse ensuite le vide dans l'appareil, on verra la pomme pénétrer de plus en plus dans le cylindre et finalement se trouver *coupée*.

Fig. 99. — Coupe-pomme.

90. 3° **Hémisphères de Magdebourg.** —

Fig. 100. — Hémisphères
de Magdebourg.

Cet appareil se compose de deux hémisphères creux et métalliques (fig. 100) qui s'emboîtent un peu l'un dans l'autre et qui peuvent se juxtaposer exactement par l'intermédiaire d'une bande de cuir enduite de suif.

A l'un des hémisphères est adaptée

une monture à robinet, terminée par un écrou qui permet de la fixer sur le conduit de la machine pneumatique.

Tant que l'intérieur de la sphère, qui résulte de la juxtaposition des deux hémisphères, est en communication avec l'air atmosphérique, ceux-ci se séparent aisément ; mais lorsque le vide est fait dans l'appareil, l'effort nécessaire pour les désunir équivaut à environ autant de kilogrammes que la base de chaque hémisphère contient de centimètres carrés.

91. Jet d'eau dans le vide. — Cette expérience peut se disposer de deux manières différentes et servir à prouver :

1° **Que l'air est élastique.** — Pour cela, on prend une fiole de forme quelconque, on la remplit d'eau aux trois quarts et l'on ferme son goulot avec un excellent bouchon dans l'axe duquel est fixé un tube effilé à sa partie supérieure et dont l'extrémité inférieure descend jusque près du fond de la fiole. On place ce système sur le plateau de la machine pneumatique et on le recouvre d'une cloche de verre dont les bords sont bien dressés et enduits de suif. Au fur et à mesure qu'on enlève l'air de la cloche, on voit l'eau s'élever d'abord dans le tube, puis jaillir par l'extrémité effilée, et bientôt venir frapper le sommet de la cloche, comme si un piston invisible, poussé par un ressort qui se détend, comprimait énergiquement l'eau du flacon.

2° Que l'air est pesant. — Une cloche de verre (fig. 101) est mastiquée dans une monture de cuivre dont les différentes parties sont travaillées et ajustées de manière à permettre de faire le vide dans son intérieur et à lui servir en même temps de support. Un tube effilé s'élève in-

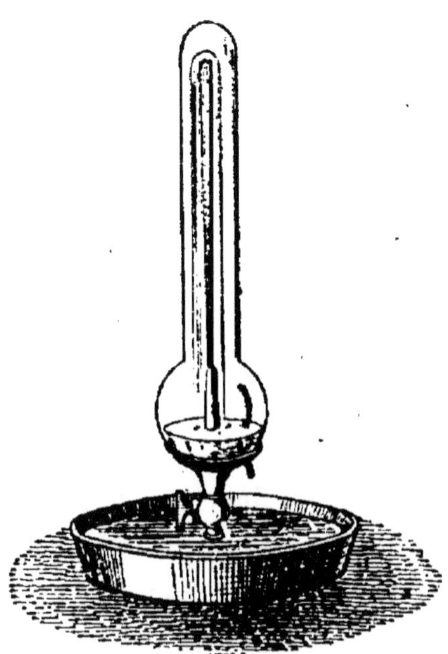

Fig. 101. — Jet d'eau dans le vide.

térieurement un peu au-dessus des bords de la cloche. Ce tube est situé sur le prolongement de l'axe du support et fait suite à un canal, muni d'un robinet, qui traverse de part en part le pied de l'appareil. Enfin plusieurs échancrures ont été pratiquées à la base même de ce support, laquelle présente en outre une forme évasée.

Commençons par faire le vide dans la cloche, et, après avoir fermé le robinet, plaçons l'appareil dans un vase contenant assez d'eau pour que la partie inférieure du support soit complétement immergée. Si nous ouvrons maintenant le robinet, nous verrons le liquide, pressé par l'atmosphère, jaillir avec force par l'extrémité effilée du tube et atteindre le haut de la cloche.

Nota. — La machine pneumatique sert encore dans beaucoup d'autres expériences, aussi intéressantes qu'instructives, mais que les bornes de ce Manuel ne nous permettent pas de décrire.

92. Briquet de Gay-Lussac. — Parmi les expériences que nous avons décrites, il en est qui nécessitent l'emploi d'une bougie allumée; il faut s'éclairer ou pour les disposer ou pour les faire. Dans ce cas, au lieu de recourir à l'emploi vulgaire des allumettes chimiques, il est préférable, plus scientifique, de s'adresser à un appareil très-ingénieux, imaginé par Gay-Lussac, et dont la dénomination de **briquet** indique suffisamment l'usage (fig. 102).

Le principe de cet appareil repose sur la propriété que possède la mousse de platine de condenser les gaz en s'échauffant au point d'enflammer ceux qui sont combustibles.

Un vase de forme variée contient de l'eau aiguisée au 1/10 environ d'acide sulfurique.

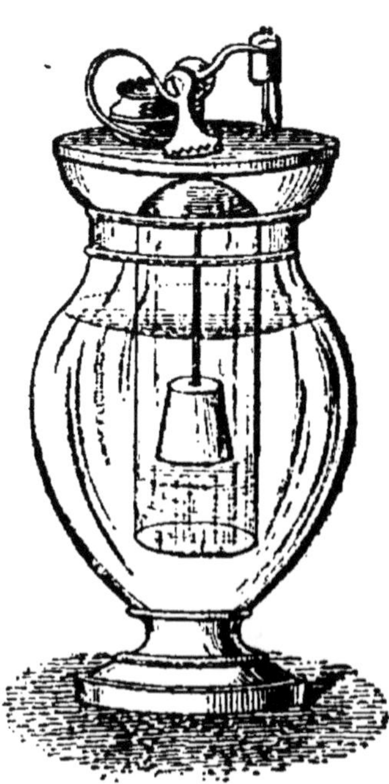

Fig. 102. — Briquet de Gay-Lussac.

Dans ce mélange plonge une cloche renversée de verre également, fixée à sa partie supérieure dans une monture de cuivre, laquelle porte un robinet horizontal dont l'orifice est très-étroit. Un couvercle de cuivre qui repose sur les bords du vase extérieur, maintient la cloche suspendue à une petite distance du fond. Au milieu et vers le bas de la cloche se trouve disposé un morceau de zinc qui, au contact de l'eau acidulée, donne naissance à de l'hydrogène.

Cet hydrogène se comprime dans la cloche en refoulant l'eau dans le vase extérieur, qui, pour cette raison, ne doit être rempli primitivement qu'aux 2/3 environ de sa hauteur, si bien que le zinc cesse bientôt d'être immergé, et par suite l'hydrogène de se dégager.

Si on ouvre alors le robinet, en appuyant sur un ressort, un jet d'hydrogène s'élance sur la mouse de platine placée vis-à-vis, s'enflamme et allume la mèche d'une petite lampe à huile, que le mouvement du robinet, pour s'ouvrir, a amenée précisément dans le courant d'hydrogène enflammé.

Nota. — 1° Avant de projeter pour la première fois l'hydrogène sur la mousse de platine, il faut avoir soin de chasser tout l'air de la cloche, car on sait qu'un mélange d'air et d'hydrogène détone quand il s'enflamme. Pour éviter toute chance d'accident, on vide deux ou trois fois la cloche, après avoir fermé la petite cage où se trouve la masse de platine.

2° Au bout d'un certain temps, il arrive que la mousse de platine refuse en quelque sorte d'absorber l'hydrogène. Pour lui rendre sa propriété primitive, il suffit de la porter au rouge, et, pour cela, il n'y a qu'à enflammer directement le jet d'hydrogène *avec du papier*.

3° Ajoutons enfin qu'il faut renouveler l'eau acidulée quand on s'aperçoit que l'attaque du zinc n'a plus lieu suffisamment.

93. Pavillon-sifflet, breveté S. G. D. G.
— Inventeur M. Ch. Courtot, constructeur mécanicien, 75, rue Caumartin, Paris.

Le tube acoustique est sans contredit le
moyen le plus commode pour transmettre ou
recevoir ce que j'appellerai une *dépêche verbale*.
Mais ces tubes, installés comme ils l'ont été
jusqu'à ce jour, présentent de graves inconvénients que nous allons d'abord signaler, afin
de faire mieux ressortir toute l'importance de
notre perfectionnement.

Dans l'ancien système, le pavillon et le sifflet
sont constitués par deux pièces séparées. Pour
envoyer ou recevoir une dépêche, il faut enlever
le sifflet; lorsque la dépêche est envoyée ou
reçue, il faut encore avoir soin de replacer le
sifflet au centre du pavillon, et c'est ce qu'on
oublie généralement de faire. De plus, si on
n'enfonce pas assez le sifflet, il arrive souvent
qu'il tombe de lui-même ou à la moindre secousse. D'un autre côté, si on l'enfonce trop,
on ne peut plus le retirer qu'avec plus ou moins
de peine, surtout si le temps est humide.

En un mot, l'emploi de l'ancien système
suscite des ennuis continuels.

Dans le nouveau système, le pavillon en bois
ou en caoutchouc durci (fig. 103) et le sifflet en

laiton ne forment qu'une seule pièce; par conséquent, plus de sifflet à enlever, plus de sifflet
à replacer, et par suite aucun des inconvénients
de l'ancien système.

Voulez-vous transmettre ou recevoir une
dépêche, vous n'avez qu'à appliquer le pavillon
sur la bouche pour siffler d'abord et parler ensuite, ou bien sur l'oreille pour écouter, en

Fig. 103. — Pavillon-sifflet.

même temps que vous appuyez sur un bouton
extérieur afin d'ouvrir une valve qui, sous l'action d'un ressort, ferme habituellement le tuyau.
Dans cette position, la main se trouve appli-
quée sur la bouche du sifflet qu'elle recouvre
complétement.

Si l'on pouvait hésiter encore à adopter notre
système, nous ajouterions que l'installation du
pavillon-sifflet n'est pas plus coûteuse que celle
de l'ancien système.

FIN

TABLE DES MATIÈRES

———

ÉLECTRICITÉ STATIQUE.

MAGNÉTISME.

TÉLÉGRAPHIE ÉLECTRIQUE.

GALVANISME.

GALVANOPLASTIE.

DORURE ET ARGENTURE.

ÉLECTRO-MAGNETISME.

THERMO-ÉLECTRICITÉ.

APPENDICE.

FIN DE LA TABLE DES MATIÈRES.

2660-77. — Corbeil, typ. et stér. de Crété.

www.ingramcontent.com/pod-product-compliance
Ingram Content Group UK Ltd.
Pitfield, Milton Keynes, MK11 3LW, UK
UKHW020830120726
13693UKWH00002B/574